GLOBAL WATER NAVIGATION

世界と日本の水事情

吉村 和就

はじめに

　水はすべての生命体にとり命の源であり、欠くことのできない貴重な存在である。

　人間にとっても、水は命を守る最も大切なものである。言うまでもなく文明の発生、国家の存亡は水資源の確保や水の制御（治水）であることは歴史が証明している。

　ローマ帝国が1500年以上続いたのは水道橋を始め、水インフラを完全に整備したからであり、逆に奈良の平城京がわずか80年で放棄された背景は、都にふさわしい水の確保・制御ができなかったからだと言われている。

　近代文明においても水の確保と制御ができなければ国家の存続は不可能である。

　水は変幻自在であり、個体・液体・気体と姿を変え、また液体（水）であっても、その器に応じた姿となって存在している。その変幻自在な水を制御し、活用してきたのが人間の歴史でもある。水源の確保、用水路建設、ダムや貯水池の建設、洪水対策などが近代社会を支えている。

　本書は、最近の水に関する国際的な出来事や日本国内での出来事を重ねつつ、多面的に述べたものであり、本書を通じて世界と日本の水に関する理解が深まれば幸いである。

令和2年10月

吉村 和就

CONTENTS

はじめに

■navi（1）　世界の動きを見る　／ 1

❶持続可能な開発目標(SDGs)と水問題　／ 2

❷水が支えるSDGs17目標　／ 8

❸米・カリフォルニア州　〜500年に一度の大干ばつ、州が消えるのか〜　／ 12

❹アジア諸国における水リスク問題と企業　／ 18

❺イラン・イスラム共和国の水事情　／ 24

❻世界の海水淡水化市場と課題　／ 30

❼欧州連合(EU)の水質に関する環境政策　／ 36
　　　　　　　　　　　　〜欧州・水枠組み指令の動向〜

❽知られざる北朝鮮の上下水道事情　／ 42

❾ミシガン州フリント市の水道水鉛汚染　／ 48

❿下水道は情報の宝庫である　／ 54

⓫台湾の水環境と水ビジネスの現状　／ 60

⓬インド経済のアキレス腱は水とトイレ問題　／ 66

⓭視点を変えての下水道の国際展開　／ 72
　　　　〜下水・食料・エネルギーの三位一体で東南アジアの社会づくりに貢献〜

⓮トランプ新政権による米国の上下水道インフラの行方は？　／ 78

⓯イラン・イスラム共和国のエネルギー大臣に単独インタビュー　／ 84

⓰米・カリフォルニア州の水インフラ問題　88
　　　　　　　　　　　〜大干ばつからダム決壊・洪水まで〜

⓱南米ペルーの水事情　〜アンデス山脈に頼る水資源〜　／ 94

⓲石油王国サウジアラビアの水環境と水ビジネス　／ 100

⓳ブラジル／国家を脅かす水資源の枯渇と上下水道　／ 106

⑳環境を重視した豪州メルボルンの海水淡水化プラント ／112

㉑ベトナムの水インフラ事情 ／118

㉒世界の民営化水道235事業が再公営化に ／124

㉓比・ボラカイ島リゾート下水問題で強制閉鎖 ／130

㉔台湾で愛される日本の土木技師・八田與一 ／134

㉕インドの水資源と水ビジネス事情 ／138

㉖英・テムズウォーター社 漏水率改善未達で罰金180億円 ／142

㉗米・フロリダ州で「過去10年で最悪」の赤潮被害 ／146
〜下水処理不備も一因か〜

㉘首都ジャカルタの水没危機 〜首都移転に拍車〜 ／150

㉙ナイル川は誰のものか、国際河川を巡る水争い ／154

㉚下水で判る、新型コロナウイルス感染症の挙動 ／158

■navi（2） 日本の動きを見る ／163

㉛天皇陛下、水研究の足跡 〜水研究のメッセージをご公務に〜 ／164

㉜八郎潟の水循環 〜日本最大の干拓地事業〜 ／168

㉝下水道管の老朽化で日本陥没 ／176

㉞水は社会生活を映し出す鏡である ／182
〜甲子園・秋田金足農高の活躍と水道配水量〜

㉟水道法改正と「残念な」マスコミ報道 ／186

㊱日本最大の観光ダム・宮ヶ瀬ダムに行こう ／190

㊲水道法改正と海外上下水道事業の再公営化 ／194
〜海外の再公営化率は1％以下である〜

㊳水道法改正とアセットマネジメント ／198

㊴水のことわざに学ぶ ／202

世界の動きを見る

GLOBAL WATER NAVIGATION

❶ 持続可能な開発目標（SDGs）と水問題

―下水道情報（2018年2月27日発行）―

　毎日のようにマスコミ媒体にSDGsが取り上げられている。国連が掲げたグローバル目標「持続可能な開発目標（SDGs）」が国連総会ですべての加盟国（193ヵ国、2015年）の賛成により採択され、それから2年半が経過した。その達成すべき17目標（ゴール）と169ターゲットに世界各国、国際機関、また大企業を中心に関心が高まっている。SDGsは世界が直面する貧困、飢餓、健康と福祉、教育、水と衛生改善、気候変動、平和と紛争解決などに現状の具体的な数値を提示し、その解決策を示唆する野心的な内容となっている。

　国連の統計によると現在（2018年）76億人の世界人口は2030年までに86億人、2050年には98億人へと増加の一途をたどる。気候変動の原因といわれている二酸化炭素の排出量も留まるところがなく、2100年には世界の平均気温が産業革命前と比べ3.8℃も上昇し、生物多様性が失われる恐れがある。

経済的な観点では最も豊かな人々（世界人口の1％）の資産総額が、残りの99％の人々の資産総額をはるかに超えているという報告もあり、貧富の格差は益々拡大すると予測されている。従来の開発は経済成長一辺倒で、その負の側面、例えば環境破壊や人権侵害、廃棄物問題などは十分に考慮されてこなかった歴史がある。国連の提唱する持続可能な開発（SDGs）とは将来世代を犠牲にすることがなく、現在の課題を包括的に解決する手法である。ここでSDGsの歴史的な背景と水問題を再度確認してみたい。

1．ミレニアム開発目標（MDGs）からSDGsへの変遷

1）ミレニアム開発目標（MDGs）…2015年までの達成目標

　MDGsは2000年9月、国連ミレニアムサミットで採択されたミレニアム宣言に、1990年代から開催された国際会議やサミットで採

国連ミレニアムサミット後、国連の邦人職員を慰労する森総理（筆者は後列の中央）

択された国際的な開発目標を統合し、1つの世界共通の大きな枠組みとしてまとめられたもので、単に「ミレニアム開発目標」と呼ばれている。筆者も2000年の国連ミレニアムサミットに国連本部職員として参加していたが、国連加盟国193ヵ国の首脳級の出席のもとに、多数の国際機関の専門家とNGO、NPOと激しい論戦が繰り広げられた。日本から森喜朗総理大臣が出席し、本会議場での演説や円卓会議での発言、またアナン国連事務総長との単独会談が行われた。ニューヨーク滞在中に森総理は、我々国連邦人職員を晩餐会に招いてくだ

さり、帰りのお土産に金沢の銘菓をいただき、邦人職員一同「さすが気配りの政治家だ」と感激した覚えがある。

2）MDGs…2015年までに達成する項目

　MDGsとして以下の8項目が採択された。

・貧困と飢餓の撲滅
・普遍的な初等教育の達成
・ジェンダーの平等の推進と女性の地位向上
・幼児死亡率の引き下げ
・妊産婦の健康状態の改善
・エイズ（HIV）、マラリア、その他の疫病の蔓延防止
・環境の持続可能性の確保（2015年までに安全な飲料水と基礎的

国連ミレニアムサミットで演説する森喜朗総理大臣
（2000年9月7日）出所：官邸ホームページ

3

な衛生設備を継続的に利用できない人々の割合を半減させる）
・開発のためのグローバル・パートナーシップの構築

　上記の8項目を達成するために、さらに21のターゲット、60の指標が設定された。

3）MDGsの達成状況と残された課題

　2015年7月、潘基文（パン・ギムン）国連事務総長は「MDGs報告2015」を発表し、「極度の貧困をあと一世代でこの世からなくせるところまできた」、「MDGsは歴史上最も成功した貧困撲滅運動であった」と成果を強調したが、一方、①5歳未満児や妊産婦の死亡率削減については改善の兆しはみられたものの目標水準に及ばず、②女性の地位向上についても就職率や政治参加などで男性との間で大きな格差が残され、③環境面では、二酸化炭素の排出量が1990年比で50%以上増加しており、気候変動が開発の大きな脅威になっていることが明らかにされた。さらに、④達成状況は国別や地域ごとに大きな格差がみられ、依然として深刻な格差の問題と最貧困層や脆弱な人々が置き去りになっていることも指摘された。

　水問題に関し抜き出してみると、
・水不足は世界人口の40%に影響を及ぼし、今後もその割合は増加する。
・世界人口の91%が改良された飲料水源を利用できるようになり、当初目標（76%達成）を2013年に達成し、新たに19億人が水道水へのアクセスを得た（総計で66億人、2015年）。
・だが3人に1人（24億人）が未だ改善されていない衛生施設を使用している。つまり9億4,600万人が未だに野外排泄（野外トイレ）を行っている。
　など、まだまだ課題が山積であることを示唆している。

2. 持続可能な開発目標（SDGs）

　MDGsの後継として2015年9月の国連サミットで採択されたもので、国連加盟国が2016年から2030年までの間で達成するために掲げた目標で、17の大きな目標（ゴール）と、それを達成するために具体的な169のターゲットで構成されている。

1）SDGsの17項目（ゴール）
・貧困をなくそう

国連ミレニアムサミット　149ヵ国の首脳級が集合
出所：http://www.un.org/en/events/pastevents/millennium_summit.shtml

・飢餓をゼロに
・すべての人に健康と福祉を
・質の高い教育をみんなに
・ジェンダー平等の実現を
・安全な水とトイレを世界中に
　ここまでの6項目をみると、開発途上国へのMDGsのフォローアップが強調されている。
・エネルギーをみんなに、そしてクリーンに
・働きがいも経済成長も
・産業と技術革新の基盤をつくろう
・人や国の不平等をなくそう
・住み続けられる街づくりを
・つくる責任つかう責任を
　この6項目では途上国のみなら

ず先進国のあるべき姿が求められている。
・気候変動に具体的な対策を
・海の豊かさを守ろう
・陸の豊かさも守ろう
・平和と公正をすべての人に
・パートナーシップで目標を達成しよう
　最後の5項目では、地球環境全体を包括し、すべての人々が力を合わせ持続可能な社会を構築しようとする意気込みが感じられる。2015年までのMGDs達成の主眼は各国政府による開発目標であったが、2030年までのSDGsは、世界のすべての人々の普遍的な目標設定であり、政府はもちろん、それ

以外のステークホルダー（NGO、NPO、企業、地方自治体、市民団体など）による目標達成の取り組みが重要視されている。

2）SDGs…ゴール6「安全な水と衛生設備」の深堀り

ゴール6の具体的なターゲットについては、2016年3月から6月にかけて国連の専門家会議で討議・決定された。

・6.1　安全で安価な十分な水の量へのアクセス

・6.2　適切かつ平等な下水・衛生設備へのアクセス、野外の排泄をなくす

・6.3　水質の改善として、有害な化学物質の排出を減らし、未処理の排水の半減、水の再生利用の促進、世界的に安全な水の再利用を目指す

・6.4　すべてのセクターでの水利用の効率改善し、水不足に悩む人々の減少を

・6.5　統合的な水資源管理として水の利用と循環だけではなく、流域や土地を一体として統合管理する、国境を越えた適切な協力推進

・6.6　水に関する生態系の保全と再生、2020年までに山地や森林、湿地、帯水層や湖などの生態系の保全と再生に力を入れる

・6.a　集水、海水淡水化、水の効率的利用、排水処理、リサイクルを含む開発。途上国の水と衛生分野で国際協力と能力構築支援を拡大

・6.b　改善された水と衛生分野の管理において地域コミュニティへの支援と強化

特に興味の深い項目は、水に関する生態系の管理において、同じ流域（国際河川）に位置する複数の国による適切な管理を求める内容で、「越境協調・水資源管理」の考え方が強調されている（ゴール6.5と6.6）。

3．他のゴール項目達成に貢献する「水問題解決」

SDGsの目指す方向は、技術面だけではなく、すべてのステークホルダーの社会参加を強く求めていることである。現在の社会では、貧困、食糧問題、水やエネルギー、森林や気候変動などの問題は相互に複雑に絡み合っており鳥瞰図的な視野を持たないと解決策が見えてこない。例えばゴール6「水」の達成にはグローバル・パートナー

国連／持続可能な開発サミット
国連ニューヨーク本部（2015年9月）
出所：http://www.un.org/sustainabledevelopment/

ゴール6「安全な水と衛生設備」
（Ensure access to water and sanitation for all）
出所：UNDP／India

シップが不可欠であり、強いガバナンスが要求されている。またすべてのゴールは水の問題解決とも深く関わっている。例えば安全な水へのアクセスが改善されると児童や婦人の家事労働時間を低減することになり、教育の改善、労働の機会の増進、貧困の撲滅、ジェンダー問題の解決、保健衛生の改善、しいては経済成長の礎となる可能性を秘めている。

　また下水道の技術的観点から、SDGsへの貢献策をみても大きな役割が期待されている。①安全で十分な水へのアクセス改善、②すべての人々に衛生的な環境を、③エネルギー問題の解決、④産業を支える技術革新の基盤、④住み続けられるまちづくり、⑤海と陸の豊かさを守ろう、など下水の得意分野である。

　我田引水的にいえば「水問題の解決が最初に人権問題を解決し、その上で適切な水資源の運用と管理が行われれば、さらに経済成長を拡大させる、大きな呼び水」となるだろう。

❷水が支えるSDGs17目標

―下水道情報（2018年11月6日発行）―

持続可能な開発目標として国連サミットで採択された「SDGs：Sustainable Development Goals」は新しい世界のモノサシともいわれている。2030年を期限とする17の目標（ゴール）の達成に向け世界各国が取り組みを進めている。以前のミレニアム開発目標（MDGs）は2000年に定められ、主に発展途上国が抱える問題をいかに解決するか、いかに先進国が途上国を支援するかが定められていた。今回（2015年）提唱されたSDGsは「持続可能がメインテーマ」でありすべての関係者、先進国や発展途上国が共有するもので、世界各国はこの目標にそって「持続可能な社会構築」にシフトしていくことになる。SDGsで水項目として「安全な水とトイレを世界中に」（目標6）がうたわれているが、これは狭義の解釈である。水は17目標すべてを支える極めて重要な位置を占めている。つまり「水がなければ、17目標は達成されない」ともいえる。では17目標と水との関係を「我田引水」的に解釈してみたい。

１．貧困をなくそう

貧困の始まりは、水がないことから始まる。身の回りに安全で十分な水資源があれば、生活だけではなく、農業が可能になる。世界文明がチグリス・ユーフラテス川、ナイル川、インダス川、黄河から始まったように、水が生命を支え、生活ができ、農耕ができれば、貧困が撲滅できるのである。

２．飢餓をゼロに

飢餓は食糧不足から始まる。水さえあれば農業が可能だ。最近は地球温暖化現象で洪水と干ばつが多発している。水資源は必要な時に、水量、水質が確保されなければならない。水インフラ（ダム、貯水池、水路、維持管理）の整備が飢餓をゼロに近づけるだろう。

３．すべての人に健康と福祉を

身の周りに安全な水がないと、水が媒介する病気にかかるリスクが増大する。いうまでもなく水道普及の第一目標は公衆衛生の確保であった。中世ヨーロッパでは黒死病（ペスト）で欧州人口の１／３が減少した。日本においても海外から持ち込まれたコレラが流行したのが1822（文政５）年と1858（安政５）年で江戸だけで死者10〜26万人が出たといわれている。健康と福祉を支える水の供給は近代においても、益々重要な位置を占めている。

４．質の高い教育をみんなに

アフリカをはじめ、中南米でも特に女性や子供たちが毎日水汲み、水の運搬に人生の大半を費やしている。家と水源（安全でない水が多い）を数時間かけて往復するために教育の機会、仕事の機会を失っている。その地域に共同水栓でもあれば婦女子に教育の機会が得られるのである。

５．ジェンダー平等を実現しよう

目標４で述べたように水汲みの主役は女性である。水汲みの仕事を減らせば、女性の教育、雇用の増進が図られジェンダーの格差解消となる。

６．安全な水とトイレを世界中に

2000年のミレニアムサミットで提唱されたMDGs「安全な飲料水と改良された衛生施設（例えば衛生的なトイレ）を利用できない人を半減させる」という数値目標は達成されたが、それでも未だに世界人口の１／10の人が安全な水へのアクセスができていない。例えば筆者は本年（2018年）５月にインド訪問したが、同国の携帯電話の普及率は約55％だが、家庭内トイレの設置率は４割以下であり、特に若い女性や子供たちが身の危険をさらしながら野外排泄を続けざるを得ない状態が続いている。

７．エネルギーをみんなに、そしてクリーンに

エネルギーと水との関係を歴史的に考えると、まずジェームスワットの蒸気機関である。ここから産業革命が始まり、エネルギー消費が急拡大した。水力発電、今や再生可能エネルギーとして再び注目を浴びている。もちろんバイオマス資源利用も水がなければ成り立

国連・持続可能発展委員会（NY国連本部）に筆者出席。特別セッション「国家レベルでの統合水資源管理促進」で「日本の考え方」を講演し、パネラーを務める（50ヵ国から専門家80名参加）

たない。火力発電所・原子力発電所では純水装置、復水脱塩装置、冷却水装置が重要な施設であり水なしで運転不可能である。このように世界のエネルギーを支えているのが水資源である。国際エネルギー機関（IEA）の試算では2035年にはエネルギー生産に必要な水資源の年間使用量は、現在（2018年）の660億㎥/年から1,350億㎥/年に倍増すると予測している。

しかし大きなジレンマも存在する。水資源の確保（取水、配水、海水淡水化など）でさらに大きなエネルギーが必要になる。水資源を増やすエネルギー消費をいかに抑えるかが大きな課題である。

８．働きがいも経済成長も

すべての経済活動は水で支えられている、水脈は金脈である。

９．産業と技術革新の基盤をつくろう

節水や水のカスケード利用が待たれている。

10．人や国の不平等をなくそう

ライバルの語源はリバーといわれるように、ヒトの争いは水資源の確保から始まっている。ナイル川の水争い（上流国とエジプト）、メコン川など国際河川の水資源の分配を公正かつ効率的に水を分かち合うことが不平等を解決する。

11．住み続けられるまちづくりを

自然災害に強い日本とも思われるが、災害リスク世界比較では17位とあまり高くない。「世界リスク報告書2016年版」で世界171ヵ国の自然災害（地震、台風、洪水、干ばつ、海面上昇）とそれぞれの

国の脆弱性を評価した結果である。

　住み続けられるまちづくりは、常に「水との戦いと調和」である。

12．つくる責任　つかう責任

　生活に必要なモノをつくるには、すべて「水」が関係している。食糧でさえ、仮想水の考え方では大きな水資源の消費割合である。

13．気候変動に具体的な対策を

　気候変動の影響は、すべて水の姿となって我々の前に現れる。高潮、洪水、干ばつ、水災害など、気候変動による災害の防止は、すべて水問題を解決することであり、一層の治水政策が待たれている。

14．海の豊かさを守ろう

　海への水質汚染を守るのは当然として、海に囲まれた日本は、魚類や藻類（海苔）などの資源循環を促進するために、佐賀県などが取り組んでいる下水処理水からの栄養塩類の放出と地域産業の育成に努力し、その成果を世界に発信することが求められている。

15．陸の豊かさも守ろう

　陸の豊かさもすべて健全なる水循環で支えられている。植林や適切な伐採、水インフラの構築・整備が待ったなしである。

16．平和と公正をすべての人に

　適切な地域の水循環が世界平和を支えるだろう。

17．パートナーシップで目標を達成しよう

　あらゆる経済活動で水資源が益々重要な位置を占めてきている。世界各国のパートナーシップで水問題を解決することが持続可能な発展をさらに進展させることができる。

18．さいごに

　SDGsへの取り組みは始まったばかりで、世界各国が知恵と行動力で日夜邁進している。

　筆者も国連本部会議で「日本の水資源管理」を述べた（写真）が、日本には個別で優れた技術がたくさんあるが、全体システムを「持続可能な発展に向けて」結集するアイデア、人材が不足している。与えられた状況を世界的な視野で俯瞰し行動することが求められている。

❸米・カリフォルニア州

～500年に一度の大干ばつ、州が消えるのか～

―下水道情報（2015年5月26日発行）―

　ついに最悪の事態がやって来た。米国カリフォルニア州は4年前（2011年）から続いていた記録的な干ばつが加速し、ついに500年ぶりの大干ばつに突入した。このままでは州が消えてしまう。経済損失は既に3ビリオンドル（約3,600億円）に達し、失業率も10%を超えた。今年の（2015年）4月1日（米国時間）ジェリー・ブラウンカリフォルニア州知事は、ついにすべての水需要者に対し、強制力を持つ25%節水を義務付ける行政命令を出した。

　途上国における水不足問題はよく知られているが、先進国でさえ危ない橋を渡っている。ここに水資源の有無が国家経済に与える影響についての一例を紹介する。

1. いつから降雨がないのか、干ばつの程度

　昨年（2014年）のカリフォルニア州の降雨量は観測史上（1849年から）最低であり、例年の1／3以下の年間180㎜しかなかった。今年（2015年）はさらにひどく古木の年輪分析より500年ぶりの干ばつが確認された。その後も雨は降らず記録的な大干ばつが加速している。

　同州は米国で最も人口が多く、約3,800万人が居住し、年間984億ｔの水資源を消費している。日本全体の水需要量は年間約830億ｔであり、米国1つの州で日本全体をしのぐ水資源を費やしている。

　そもそも同州は水の不足する不毛の土地であり1840年代のゴールドラッシュで爆発的な人口流入増加があり、ゴールドラッシュが過ぎ去ったあと多くの人々は農家として定住した。降雨量が多いのは州都サクラメントの北方であり、そこから延々と山越えする大口径パイプや用水路を通してサンフランシスコやロスアンゼルス地域に送られ、人々の生活や経済活動を支えてきた。

　主要な7つの水輸送システムの

総延長は1,600kmに達し、水輸送（ポンプステーション）および水利用に関わる電力消費量は、同州全体の電力消費量の12〜19%に達する（2001年国際水協会（IWA）調査、季節により異なる）。日本の水処理（上下水道）全体に関わる電力消費量は全電力消費量の約1.5%なので、その数値の大きさに驚かされる。

2．どのくらいの水が足りていないか

　水資源の9割以上は降水量とシェラネバタ山脈（スペイン語で雪の山脈）の雪解け水に支えられているが、年々減少する降雨量、さらに地球温暖化による積雪の減少により河川流量の減少と地下水位の低下が著しい。サクラメント川、サンホアキン川の流量は約半分に減少している。近年、入手可能な水資源は必要量の2／3に留まっている。昨年（2014年）ブラウン州知事はすべての水使用者に対し20%の水使用量の削減を呼びかけたが、ほとんど効果がなく今回（2015年）25%節水の行政命令となった。行政命令は9月末まで続けられる。なぜ9月末までか、シェラネバタ山脈に雪が積もる時

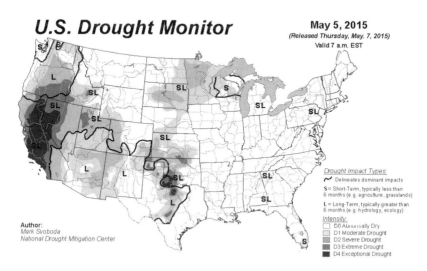

米国干ばつ地図（2015年5月5日現在）色が濃いところほど干ばつ被害を受けている

〈カリフォルニア州 水輸送システム〉

用水路

山越えする水輸送パイプ

期までである。

　米国航空宇宙局（NASA）は衛星画像の解析から「州内に残されている水源は、あと１年分しかない」と警告している。さらに米国会計検査院は「全米48州のうち、ハワイとアラスカを除くすべての州は、中程度の干ばつに直面している」と報告している。つまり水資源不足は全米に達しているともいえる。

３．カリフォルニア州 の水対策

　昨年（2014年）１月に、ブラウン州知事は干ばつの非常事態宣言を発した。それは恒久的な水資源確保の政策と干ばつ対策である。水源の確保については行政側と農家との100年以上にわたる歴史的な政治的対立と水資源の帰属を巡る論争で簡単に解決できていない。例えば６州（アリゾナ、コロラド、ネバタ州など）が水利権を持つコロラド川からの取水は、今までカリフォルニア州が約束以上の過剰取水を繰り返してきた歴史があり、今後の取水量と水利権の価格について折り合いがついていない。また1,600kmに及ぶ用水路から蒸発や不法取水を防ぐために、ブラウ

ン知事は25ビリオンドル（約3兆円）をかけて山脈を貫くトンネル水輸送計画を提案しているが、これも農家の反対でとん挫している。

同州の干ばつ緊急政策として最大の水需要先である農業用水の30％削減と効率的な使用が掲げられたが、水利権を持つ農業関係者は大反発している。また水不足地域に住む住民も深刻である。庭への散水（週2日以上）や洗車は500ドルの罰金、さらに水不足が深刻な州都サクラメントでは罰金1千ドルと跳ね上がっている。ブラウン州知事は公共施設である州立大学、ゴルフコース、墓地（広大な芝生あり）、道路わき植栽などへの散水スプリンクラーの停止や公共用地内の芝生（約460万㎡）を「乾燥に強い植栽に植え替える」などの命令も出している。なぜなら都市部の水需要の半分は芝生や造園に使われているからだ。

もちろん恒久的な水確保の対策として海水淡水化プラント建設や下水処理水の再利用、下水処理水の地下注入（地下水の涵養）が計画されているが、多額の資金を必要としている。州議会は、この資金源として水利事業債権（80〜110

億ドル）の法案を提出する準備を進めている。同州の南に位置するサンディエゴでは、10億ドル（約1,200億円）をかけて大規模な海水淡水化プラントを建設しているが、その完成は2016年である。また2013年6月、筆者が参加した米国水道協会（AWWA）のデンバー総会でも、同州の水資源確保の95プロジェクト（再生水プロジェクト73ヵ所、地下水涵養22ヵ所、総額約450億円）が紹介されたが、完成までに時間がかかり、現在（2015年）の干ばつをどう乗り切るのか、正に「焼け石に水」の状態である。

4．今後の見通し

州内の17都市は、このまま干ばつが続くとあと数ヵ月で水源池が空になると予測されている。また干ばつにより山火事が頻発している。例えば昨年（2014年）1月には406件の山火事が発生している（例年は約69件）。もちろん消火のための貯水もない。昨年（2014年）8月にはヨセミテ国立公園内で大規模な山火事が発生し、その大きさは宇宙衛星から観測できるほどであった。

このような背景で水利権を売買

15

する水銀行（ウォーター・バンク）が活況を呈している。過去5年間（2011-2015年）で約10倍に水利権価格が上昇している。農家では作物を栽培して売るより、水利権を売却した方が、利益が出る地域も増えている。また水道料金について節水を徹底するために季節別の料金設定を強化する自治体も増えている。

5．州の経済損失額は

カリフォルニア州の農業ビジネスの規模は45ビリオンドル（約5兆4千億円）。

これは米国穀物市場規模の15%に相当する。その農業が水不足により重大な危機に直面している。カリフォルニア大学デービス校のリチャード名誉教授は、昨年（2014年）だけで1万7千人以上のフルタイム従業員と季節労働者が失業し、その農業被害は総額22億ドル（約2,640億円）を超えたと試算し、このまま干ばつが続くと今後の農作物の作付けが不可能になると警告している。また今年（2015年）2月には同州の失業率が10%を超えた。

さらに深刻なのはハイテク産業が密集するシリコンバレーである。半導体製造に欠かせない超純水や製造用水にも影響が出始めている。州税の高さと水不足が拍車をかけ一部のハイテク企業は州外へ本社や工場を移転し始めた。

このためハイテク産業の本社が集まるマウンテンビュー市では、水不足の非常事態宣言を発し節水対策を強化しハイテク企業の州外移転を防ごうとしているが、逆に五大湖に面するオハイオ州やイリノイ州は「税金が安く、水と土地が豊富なわが州へ」とハイテク企業の誘致に力を入れている。

同州全体の経済損失は、水不足による水力発電量の減少なども合わせ、3ビリオンドルに達し、このまま干ばつが続くとさらに経済損失が増加すると見込まれている。

6．米国経済に与える影響

カリフォルニアは米国で生産される野菜（レタス、葉菜類）や柑橘類・ナッツ類（グレープフルーツやアーモンドなど）の約半数を生産する重要な州であり、その影響は同州に留まらず全米に波及することになる。

日本も米国から多くの農産物を

輸入している。カリフォルニア州の干ばつ被害は米国のみならず日本の食糧事情にも影響を与えるであろう。米国の悩みはさらに続く。仮に農作物価格が大幅に引き上げられると、隣国メキシコから安価な農作物の輸入が急増し、国内の農業や農業関連産業および国内雇用が失われ、当然外貨も失われる最悪の結果がもたらされることを危惧している。正に水資源の有無が国家経済を左右する一例である。

しかし逆に水不足問題解決には大きな水ビジネスチャンスが存在する。

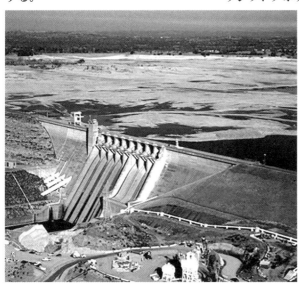

枯れたフォルサム貯水池

7．水ビジネスの狙い目は米国

日本の水処理メーカーは海外水ビジネスというと、すぐに東南アジアを目指すが、政府開発援助（ODA）頼みで入門編では正解であるものの、大きなビジネスは期待できない。むしろ4兆ドル水市場（約480兆円、2030年までの投資総額、経済協力開発機構（OECD）が存在し、技術を正しく評価し、法体系の整った米国で日本企業は勝負すべきであろう。

既に日立製作所、JFEエンジニアリング、クボタ、水ingなどは、市場調査や営業活動を開始している。特にメタウォーターは米国現地法人（METAWATER, USA INC）を2013年に設立し、福島一郎常務取締役を社長に送り込み積極的な営業活動に邁進している。ぜひ米国のような先進国で勝負できる日本水企業の活躍に期待したい。

4 アジア諸国における 水リスク問題と企業

―下水道情報（2015年6月23日発行）―

　グローバル化が加速し、多くの日本企業が海外で積極的に事業展開している。しかし、その先には多くのリスクが待ち構えている。相手国の政治的なリスク、為替リスク、テロ・暴動などのリスクが存在するが、今まであまり注目されてこなかったのが民間企業から見た「水リスク問題」である。

　例えば2011年7月に起こったタイ大洪水の被害額は1.4兆バーツ（約3兆4,550億円）であり過去最大の損失であった。タイの洪水被害額は、世界の経済成長率に大きな影響を与えた。

　このように一国の水災害が、その国だけではなく世界的に大きな影響を及ぼす事例が増えるであろう。では企業にとり、どのような「水に関するリスク」が存在するのであろうか。今回はアジア諸国の水リスク問題と企業について述べてみたい。

1．人口増加と水需要

　2000年以後、さらなる経済発展と都市人口の増加により、世界の取水量は激増し、水不足状態が世界中に広がっている。OECDの調査によれば2050年までに、世界の水需要はさらに55％増えると予測されている。また国連が今年（2015年）3月に発表した「世界水発展報告書2015」は、2030年までに水資源（淡水）が40％不足すると警告している。

　現在（2015年）、水資源の60〜80％は農業用水として食糧生産に使われており水資源の余力がなく、今後増える都市用水や工業用水に振り分ける余地など全くない状態である。

2．アジア諸国の水問題

2−1　タイの水問題（洪水被害）

　2011年7月に発生した大洪水は、248万人が被災する大災害となった。この洪水が世界的に注目されたのは経済的被害の大きさである。洪水はチャオプラヤ川流域

の8つの工業団地を巻き込み、7つの工業団地がほぼ全域で冠水し、日系企業を含む多くの企業や工場が長期間の操業停止を余儀なくされた。被害総額は1.4兆バーツ（約3兆4,550億円）に達し2011年のタイの国民総生産（GDP）成長率予測値は3.7％から2.3％に減速したと政府が発表、この被害額はタイGDPの10％以上に達し、過去最大の被害となった。国連の国際防災戦略部門（ISDR）の調査でも、このタイの洪水被害額による経済損失は世界全体の10％以上に相当すると発表している。

●日本企業への影響

タイに進出している日本企業数は1,370社（外務省、2010年10月調査）で東南アジア諸国連合（ASEAN）加盟国の中で最も多い。日本からアジア諸国向けに輸出される大半が部品や資材の中間財である。その中間財がタイで加工され世界へ輸出される構造で、国際的な分業体制（サプライチェーン）が構築されている。日本貿易振興機構（JETRO）などの調査によると今回（2011年）の洪水では、主要工業団地内の約804社が冠水被害を受け、そのうち日系企業は約486社であった（全体の約60％）。その結果サプライチェーンが長期にわたり寸断され、日本企業に甚大な被害が及んだ。その被害総額の算定は非常に難しいが、少なくとも日本の損害保険会社が日本企業に支払った保険金の総額は9千

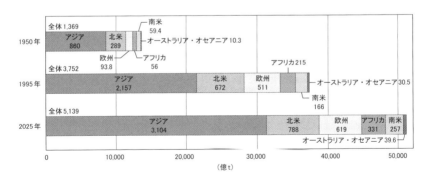

UNESCO "World Water Resources at the beginning of the 21st Century"（2003年）を基に作成
急増する世界の水使用量（国土交通省水管理・国土保全局水資源部HP掲載グラフを基に作成）

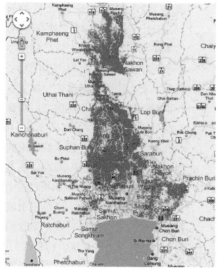

タイの洪水被害地図・被害状況

億円を超えている。

2－2 ベトナムの水問題

　世界中の企業が生産基地として注目しているのがベトナムである。もちろん日本企業にとっても有望な進出先である。日本と同じ南北に細長い国土、まじめで勤勉、手先も器用なベトナム人、世界中から多くの企業がなだれ込んでいる。

●ベトナムの水環境・汚染の実態

　降水量は日本より多く乾季に対応する貯水施設を持てば水量は確保できる。

　問題は全国的に表流水、湖沼、地下水において水質汚濁が激しく進行していることである。ハノイやハイフォン、フェといった大都市では、主要河川のBODやアンモニア性窒素など国が定めた環境基準を大きく超え下水並みの水質である。この原因は未処理のまま排出される生活排水、工場排水などが挙げられる。ベトナムには現在（2015年）290以上の工業団地があるが、最近の調査でも、中央排水処理設備を設置しているのは15％

程度で、毎日数百万㎥の汚染水が流域に排出されている。さらにベトナムでは産業村（Craft Village）と呼ばれる伝統地場産業（繊維、染色、メッキ、食品、畳など）の集落が何千と存在する。廃水処理はなきに等しく、未処理のまま河川に放流されており、全土の水質汚濁に拍車をかけている。

●林立する工業団地計画

海外企業進出の受け皿になっているのが工業団地である。現在（2015年）ベトナム全土で約290の工業団地があり、造成申請中が約200ヵ所あるといわれている。ほとんどの工業団地では3千～3万t／日の工業用水の供給能力を有している。料金については、製造用とオフィス用とで差がある場合も多い。水質については保証がないので、独自に純水装置などを備える必要がある。問題は排水処理である。ほとんどの工業団地では排水処理設備も完備とうたっているが、その排水処理能力は給水能力と比べ、本来なら7～8割の受け入れが望ましいが、処理能力2、3割の団地も多い。工場から排出される高濃度の汚染物質は独自に

処理し、団地内函渠に放流するが、放流基準や紛争の際の解決手段も明記されていないケースも多い。

●日系商社による工業団地

比較的安心なのが、日系商社により開発された工業団地である。住友商事の「タンロン工業団地」、双日による「ロテコ工業団地」、三菱商事による「ベトナム・シンガポール工業団地」などが有名である。

2－3　ミャンマーの水問題

世界中の企業が、今（2015年）ミャンマーに注目している。天然ガスや石油など豊かな資源を有しながら、アジアの最貧国に甘んじてきたミャンマー。民主化の動きを受けて欧米、中国、韓国など多国籍企業のミャンマーへの進出や出資が活発化している。ミャンマーが注目される理由は、豊富な天然資源のほか、6千万人以上の人口、勤勉な国民性、安価な労働コスト（ベトナムの1／3）、周辺国の大きな市場（28億3千万人）に直結する地理的な優位な位置、さらに世界2大消費市場の中国とインドを結ぶ戦略的要衝に位置しているからである。

●水道の整備状況

　ミャンマー国の大半は熱帯性気候に属し、水資源は豊かな国である。しかし全国ベースの水道普及率は37％で、無収水率（収入にならない水）は60％を超えている。その理由は高い漏水率（約50％）と盗水である。供給されている水道水も殺菌されていない水がほとんどである。

　都市部の水道水質も悪く、例えばヤンゴン市の場合で水源の9割が表流水（貯水池）を利用しているが、その2／3は浄水処理を行わず直接給水されている。残りの1／3は緩速ろ過法にて浄化しているが、薬品消毒は行われていない。ミャンマーでは水道水は直接飲まないのが常識である。

●民間企業への水供給

　製造を目的とする企業ならば、工業団地に入ることになる。全土に大きな工業団地が9つ建設されているが、電力や水インフラが完備されている工業団地は少ない。例えば電力の供給では、ミャンマー全体での供給能力は、総需要の約50％であり、発電所の建設が急務である。さらに水力発電割合が総

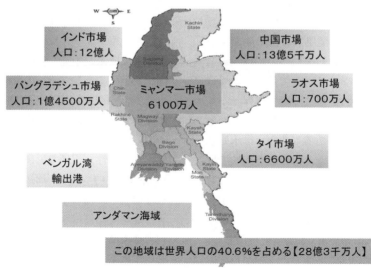

ミャンマーの地理的優位性

22

発電量の74%を占め、雨の少ない乾季には都市部でも1日数回の停電があり、工業団地では、終日停電の例もある。電気が来なければ水も供給できないのが現実である。日系企業が工業団地に入る場合には、停電が少なく、大きな貯水池を持っているかなど自らの現地調査が不可欠である。

●日系商社による工業団地

　2013年にミャンマー・ティラワ経済特区の工業団地の開発契約を同国と、日系商社3社が締結した（出資比率：ミャンマー側51%、日本側49%で丸紅、住友商事、三菱商事がそれぞれ均等に出資）。現在2,400haのうち400haが先行開発されている。当然、電力供給、浄水場、下水処理場も完備され、高いインフラ機能を有している。さらに日本政府は、団地周辺のインフラ整備に200億円の円借款をつけ、発電、道路、港湾設備などアジアに誇れる工業団地を造成中であり、2015年度中には企業誘致も決まる予定である。

3．進出企業の水リスク対策

　水のリスク問題は国や地域によって大きく異なり、水に関するデータが不足している国も多い。進出企業の水に関する留意点は次のとおりである。

①必要な水量と水質の確保ができるのか。将来の水環境の変化（人口増加、農業用水の増大、気候変動など）を予測した上で、現地ユーティリティ会社と契約交渉する。

②水不足が発生した時の最悪シナリオの作成。断水による事業中断による被害、水コストの上昇、現地政府による新たな水規制や課税の導入時の対応策。

③洪水時の対策、土嚢はもちろん、排水ポンプ、自家発電装置、携帯用無線機などを常備する。

④自社工場の水管理データの保管と公表。特に排水処理後の水質については第三者機関の分析も踏まえ準備する必要がある。汚染排水の漏えいは現地メディアや海外メディアの最大の攻撃点であり、自社の評判をグローバルに落とすことになる。特に日系企業は狙われやすいことに留意すべきである。

5 イラン・イスラム共和国の水事情

―下水道情報（2015年9月1日発行）―

　イランの核問題を協議していた欧米6ヵ国は2015年7月14日、経済制裁解除に向けて最終合意に達したと発表した。それを受けイランのロウハニ大統領は8月2日、国営テレビに出演「欧米6ヵ国と核問題の解決に向けて最終合意した」、さらに「この協議を始めて2年、期待を大きく上回る進展があった」とも述べた。最終合意の後、ドイツをはじめ欧米諸国は閣僚をイランに派遣し、段階的に解除される経済政策を見越して自国の経済活動を活発化させている。

　なにしろイランは世界最大の天然ガス埋蔵量を誇り、さらに世界第4位の石油埋蔵量を有している。昔から日本と関係の深かったイラン（1979年まではペルシアと呼称）であるが、日本は米国の顔を見て1993年からイラン向け直接投資をストップしている。筆者は昨年（2015年）9月イランの首都テヘランに入り、イラン環境省、エネルギー省（水を管轄）、石油省など

を訪問、特に水問題について意見を交わしている。将来の水ビジネスの宝庫イランを紹介する。

1．イランの水資源

　イランは人口7740万人（2013年）でサウジアラビアに次ぐ中東における2番目に大きな国である（日本の国土面積の約4.4倍）。国土の55％は海抜300～1,500mの高度にあり、また国土の90％は乾燥地帯である。年間降水量はカスピ海沿岸の平均2千mmを除けば、その他の地区は平均230mm以下である。しかも降水量の7割は、河川に達する前に蒸発してしまう。イランには6つの主な流域が存在しているが、流域ごとに水資源は偏在している。また季節性が強く雪解け水の多い春先には洪水を引き起こし、夏には枯れてしまう河川も多い。従って表流水に多く期待できないので地下水への依存度が高く、カスピ海を取り巻く5千m級の山々の雪解け水が貴重な地下

水源になっている。

1）イランの水資源量

水資源量は1,285億㎥/年で、表流水は919億㎥/年、地下水は366億㎥/年であり、年間水使用量は930億㎥/年（日本は830億㎥/年）であり、農業用水が92%、家庭用水6%、工業用水2%であるが慢性的な水不足に直面している。

さらに国内の老朽化した水輸送インフラ設備では、約30%の水が失われている。

2）イラン水利施設の歴史

イランでは古代から生活用の給水施設や農業向け灌漑施設が発達してきた。イランといえば、地下水を水源とした地下水路（カナート）が有名で3300年前に建設されたチョガ・ザンビールのジッグラトには、給排水システムが完備されていた（1979年、世界遺産に登録）。

さらに要塞都市であったシューシュタルは1700年前に建設され、大掛かりな水利施設が存在している。巨大な貯水池や水道橋、さらに張り巡らされた水路網が都市を支え

ていた（世界遺産）。

イランの歴史を支えてきたカナートの構造は、山脈の近くに大きな井戸（母井戸）を帯水層まで堀り、そこから数十〜100m置きに立て井戸を掘り、傾斜に合わせて横水路を繋ぎ、都市部まで重力にて配水する地下トンネルである。水路が地下なので太陽熱による蒸発を防ぎ、また新鮮で冷たい水を送ることができる。さらにメンテナンスのために人が作業できる空間も備えている。しかしそのカナートは今、水不足とメンテナンスの不備により崩壊の危機に瀕している。

水関係者と打ち合わせ（左列手前が筆者）

2．イランの上下水道普及率の現状

　正確な情報は少ないが、世界銀行の報告（2009年）によれば、都市部では上水道が完備されているが、その他の地域では普及率が低い。また下水道では居住人口の2割くらいしか、下水道パイプに繋がっていない。また集められた下水の2～3割しか下水処理場で処理されていない。ほとんどが処理されずに地下浸透している。従って生下水は、カナートの水源を汚染しその対策が急がれている。

　国連などの報告（2010年）では年間に発生する下水量は約35.5億㎥/年であり、収集された下水は11.6億㎥/年（全体の33%）、そのうち処理された下水は8.2億㎥/年とされている。

　下水処理場は2010年時点、129ヵ所で運転中であり、設計容量は12.6億㎥/年、実際の処理水量は8.8億㎥/年である。建設計画中の下水処理場は107ヵ所であり、設計容量は11.7億㎥/年であるが、予算不足で進んでいない。処理方式は活性汚泥法が主であるが、ラグーン法、安定化池法も使われている。

3．水資源確保の国家計画案

　今後の国家計画として、①カスピ海から取水し、山脈を通過する導水路を掘り、大都市まで導水する、②ペルシア湾で海水淡水化を行い、国内中心部へ送水するなど壮大な計画があるが、問題も山積している。例えばカスピ海からテヘランまで直線距離で約120kmであるが、途中には5千m級の

イラン・イスラム共和国　地図

イランの上下水道普及率（UNESCO & WHO：Water and Sanitation report 2012）

システム	都市部普及率	農村遠隔地普及率	管路総延長
上水道	96%	20.6%	34万km
下水道	90%	22.8%	3.6万km

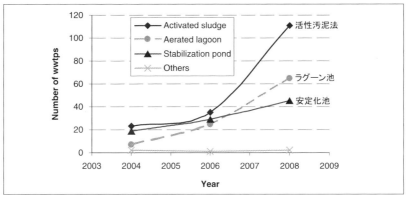

処理方式別　下水処理場数

山がある。またカスピ海の水は塩水化が進み、現在（2016年）塩分濃度は1.2%ともいわれ、さらにカスピ海には周辺諸国から汚水が流れ込み、水質汚染も進んでいる。主要な計画では、1ビリオンドル（約1,200億円）をかけ海水淡水化事業（20ヵ所、年間造水量2億㎥）や送水管整備事業などが挙げられている。

4．農村・遠隔地向け第5次5ヵ年水供給計画（2010－2015年）

農村部や遠隔地向けの飲料水、廃水処理の計画が進行中であり約6,400ヵ所の村が給水車による水供給を受けることが可能になった。

5ヵ年計画の達成率は約77%とみている。しかし近年の干ばつの影響により、517都市が重大な水不足に直面し、給水能力より水需要（消費）が上回っている状態が2013年3月から継続している。

水不足に対処するため水を管轄するエネルギー省はさらに12の大規模水供給設備を含む130の水供給プロジェクトを2016年までに完成させようと375ミリオンドル（450億円）予算で計画を進めている。

その骨子は

27

・水資源の確保（ダム、海水淡水化）
・老朽化した水インフラの改善（ポンプ設備、配管整備）
・不適切な農業用水の削減
・再生水設備の増強と活用（約200ヵ所）である。

5．首都テヘランの水事情

テヘラン市内へ水を供給しているダムは4ヵ所あり、その中でも容量の大きいラールダム湖（市内への供給率35％超）が枯れ始めている。本来9億6千万tの貯水能力があるが、1,800万tの水しか利用できない状態が続いている。4つのダム湖を合わせても、昨年の40％の貯水率しかない。

同国エネルギー省によれば、「テヘランの給水人口はイラン全土の12％だが、イラン全土の水需要の25％を消費」している。また「世界の大都市の水使用の平均は約250ℓ/日/人にも係らず、テヘラン市民は水不足の危機を理解せず、平均して400ℓ/日/人使用している」と警告している。

居住人口1,200万人といわれるテヘラン市では、2014年9月、市内の水道大口利用者約3千顧客が7時間を超える給水制限を受けた。テヘラン市当局が、節水を呼びかけているのに、全く協力しない利用者への罰ともいわれている。しかしテヘラン市内の市場（バザール）には野菜と果物が

〈テヘラン市近郊の下水処理場〉

Wastewater Treatment Plant in Rasht

Wastewater Treatment Plant for Velayat rood village
(Tehran province)

豊富に並べられている。

内閣府は、緊急事態として、タジキスタンから水輸入を計画し、約11ミリオンドル予算の議会承認を得ている。しかし水輸入交渉は難航している。

このままでは、テヘランの水不足は、さらに厳しさを増すであろう。

６．あとがき‥水ビジネスの宝庫・イラン

経済制裁解除（2016年11月）が報じられ、欧州諸国は積極的にイラン国内でビジネス展開を始めている。当然である。イランは天然ガス埋蔵量世界一、石油埋蔵量は世界第４位である。イラン石油相はインフラが整えば即座に400万バレルの石油生産が可能と表明している。制裁解除の日から、サウジアラビアを凌駕するオイルマネーがイランに流れ込んでくる。欧米諸国は石油やガスの巨額な国家収入を目当てに多くのインフラプロジェクト（電力、通信、高速道路など）を提案し、

閣僚級の政府高官を派遣している。

日本の戦略とすれば、国民生活になくてはならない水問題解決に協力すべきであろう。水問題解決に必要な技術はすべて日本が保有している。例えばトンネルのボーリング技術や、水処理技術（下水処理や海水淡水化、再生水技術）などですべての課題をクリアできる。既に日本はイラン向け人道支援として医療や教育支援を行っている。水関連では国際協力機構（JICA）を通じ、セフィードルード流域管理調査やウルミエ湖の水量・水質改善などに専門家を派遣し感謝されている。

親日家が多いイラン・イスラム共和国に向けて日本は積極的に水ビジネス展開を図るべきである。

青果市場（安価で豊富な果物類）

ブルーモスクの前（筆者）

〈テヘラン市内〉

29

⑥世界の海水淡水化市場と課題

―下水道情報（2016年9月29日発行）―

世界的な水不足が深刻化している中、海水から真水をつくる海水淡水化市場が急拡大している。特に中東地区では、潤沢なオイルマネーによって水インフラの中核として海水淡水化プラントの建設が活発化している。さらに北アフリカの産油国やスペイン、さらに北米大陸や中国などでも海水淡水化プラントや低濃度塩類除去（かん水）プラントの建設がラッシュである。つまり淡水化は、河川水や地下水が枯渇する中、水不足の解消に役立つ大きな武器として世界中に広がりつつある。

今回は世界で拡大する淡水化市場とその課題について述べる。

1．淡水化市場の動向

現在（2015年）、世界150ヵ国以上で約1万5千の脱塩プラントが稼働しており、約3億人に淡水を供給している。しかし、その造水量は世界水需要の2％以下であり今後の飛躍的な市場展開が期待されている。

1）市場の伸び

最近（2015年）発行されたグローバルウォーターインテリジェンス（GWI）と国際脱塩協会（IDA）の報告によれば、過去5年間（2009−2013年）の脱塩プラントの処理能力は57％増加し、世界の脱塩能力は784万㎥／日（2013年）となり、これは2008年当時の1.65倍となっている。年間の平均伸び率は9.6％と予想され、2020年には2013年度比2.5倍になると予測している。市場規模は2025年時点で4.4兆円から7兆円と大きな開きがあるが、これは今後のオイルマネーの動向、途上国の都市化による水不足状況と経済の発展度合によるものとみられている。この背景は現在（2015年）のところ、海水淡水化プラントの建設コストや維持管理コストが高く、さらにはエネルギー多消費型の造水方法だからである。【図1】

2）市場動向

脱塩対象水の内訳は海水淡水化用が約6割で、低濃度塩水（かん水）用が約4割である。伝統的な巨大市場は中近東（湾岸諸国）であったが、最近は中近東以外の地域に拡大している。湾岸諸国以外のトップ10の国は米国、中国、リビア、オーストラリア、イスラエルなどがランクインしており、その造水能力も拡大している。

例えば豪州メルボルンの海水淡水化能力は44.4万㎥/日、アルジェリアでは50万㎥/日、イスラエルでは51万㎥/日の造水プラントが建設され稼働している（日本最大は5万㎥/日）。【図2】

3）中国の海水淡水化市場

今まで中近東や米国の市場動向については多くのレポートが出されているが、中国の海水淡水化事情について明確な数字がなかった。チャイナ・ウォーター・リサーチ（内藤康行代表）の調査によると、2014年末現在、中国全土で建設された海水淡水化プラントは112件で、その造水規模は92.69万㎥/日である。そのうち1万㎥/日級以上のプラントは27件で、特に天津、山東省、浙江省、河北省、遼寧省に建設されている。造水された水源は主に工業用水（発電所、石油化学工場）で約7割が使用さ

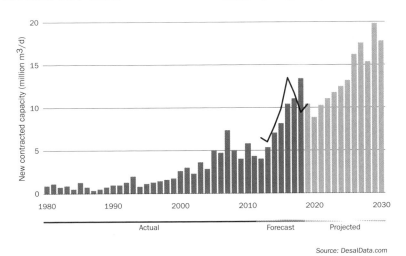

Source: DesalData.com

図1　世界の脱塩市場　2030年までの長期展望

れ、残りは都市給水（飲料水など）に使われている。河川水や地下水の7割以上が汚染されている中国では海水淡水化は第3の水源として開発が加速している。市場の伸びに合わせ中国国内膜メーカーも急増、玉石混交で約300社が市場獲得に鎬を削っている。最近まで大型の海水淡水化用RO膜は信頼性のある外国製使用と指定されてきたが、その枠も外され市場争奪戦は激化の一途である。【図3】

2．海水淡水化の歴史と膜ビジネス展開の課題

　海水を淡水化する方法は、蒸発法と逆浸透膜法（RO膜法）が実用化されている。蒸発法は海水を加熱して、発生した水蒸気を冷やして淡水を得る方法で、長い歴史を持ち、特に発電所と併設することにより、その熱を有効的に活用している。RO膜法は半透析膜を用い、塩分の持つ浸透圧以上の圧力をかけることによって淡水を得る方法で、蒸発法に比べエネルギー消費が少ない利点を持つ。それではその市場の伸びを見てみよう。

　過去10年間の世界水関連市場（上下水道、工業用など）の伸びは平均6％であったが、海水淡水化市場（蒸発法＋膜処理法）は、それ以上の伸びであった。特に省エネに優れているRO膜は今後10％以上の伸びが予想されている。

1）海水淡水化用RO膜…日本が世界市場の6割を占める

　海水淡水化向けRO膜市場は、日本メーカーが世界市場の60％以上を占め、また前処理で使われる精密除濁膜（MF、UF膜）市場も日本メーカーが40％を占めている。つまり膜処理技術は日本が世界に誇れる最高の水処理技術の1つである。

2）日本の水処理膜メーカーはなぜ強くなったか

　RO膜の原理は米国で開発され、特に1961年第35代ジョン・F・ケネディ大統領が「海水淡水化を国家事業として承認」してからデュポンやダウケミカルにより開発が加速され主に軍事用や医療に使われていた。しかし高価であり、取り扱いも難しかった。1965年頃から海水淡水化用RO膜（米国製）が中近東地域などで実用化されるようになった。その将来性に目覚めた日本の繊維会社が、米国の特許を導入し各社で酢酸セルロース系

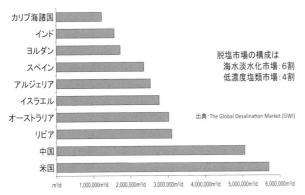

脱塩市場の構成は
海水淡水化市場：6割
低濃度塩類市場：4割

出典：The Global Desalination Market (GWI)

図2　トップ10　脱塩市場国（湾岸諸国除く）2008－2016

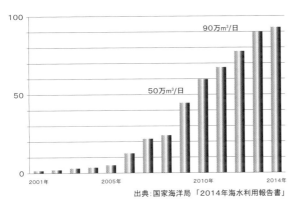

90万m³/日

50万m³/日

出典：国家海洋局 「2014年海水利用報告書」

図3　中国の海水淡水化プラントの増加状況

そもそも微細化技術（細かく、緻密に）に強い日本人の性格をもって、世界で最も優れた膜モジュールをつくり出した。さらに80年代から造水促進センターが中心となり、中近東の海水淡水化ビジネスに乗り出し、「RO膜は日本製」と高い評価を受けるようになった。さらに神風が吹いたのである。

　90年代からは、電子デバイスの半導体産業向けの超純水需要が高まり、半導体の集積度向上、歩留まりの追求に水処理膜

の膜開発を活発に行った。しかし本場の米国では、さらに高性能なポリアミド系膜が開発され始めていた。米国に遅れをとっていた日本メーカーは、繊維の高機能化として各種の水処理膜の開発に邁進、

はなくてはならない存在となり、高性能膜の研究・開発がさらに加速された。主要な国内膜メーカーは、東レ、日東電工、旭化成ケミカルズ、東洋紡、三菱レイヨン、帝人などで、各社とも通水能力

適応分野	中空糸膜	平膜	その他膜
脱塩処理 (RO/NF) ・海水淡水化 ・かん水淡水化	・東洋紡	・東レ ・日東電工 ・Dow(米国) ・Koch(米国) ・GE(オスモニクス) ・シーメンス(メムコ)	電気透析膜 ・旭化成(ED) ・旭硝子(ED) ・トクヤマ(ED) ・GE(ED) ・Veolia(ED)
水処理 (UF/MF) ・精密除濁 ・海淡前処理	・旭化成ケミカルズ ・三菱レイヨン ・クラレ ・東レ ・東洋紡 ・ダイセン・メンブレン ・住友電工 ・GE(ゼノン) ・ノーリット(オランダ)	・日東電工 ・Koch(米国) ・クボタ ・日立 ・ユアサ	セラミック膜 ・メタウォーター ・明電舎 ・日立 ・PWN(オランダ)

表1 主な分離膜メーカーと膜タイプ

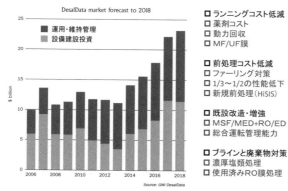

図4 大型海水脱塩装置の課題

（フラックス）の向上、膜汚染の防止、膜寿命の延命化の開発に邁進している。【表1】

3）膜メーカーの課題は

国内膜メーカーは市場の伸びに応じ、増産体制を増強してきたが、膜会社同士の争いは激しさを増している。一度納入すると、膜の寿命である約5年後には取り替え需要が発生する。このため初期納入時は無理をしても受注することが横行しており、各社とも膜の売り上げや出荷本数は伸びるものの、採算性に苦労している。さらに膜市場の伸びに連れ、多くの海外企業が膜ビジネスを強化、参入してきている。先行馬として逃げ切るためには、単に通水能力を伸ばすことだけではなく、既存海淡プラントの課題を早期にクリアすることが求められている。課題とはランニングコストの低減、前処理コストの低減、総合運転管理能力のノウハウ取得などである。【図4】

4）水処理エンジニアリング会社の課題

世界の水処理市場は2025年には110兆円規模になると予想されており、例えばそこで使われる部品・

素材（膜）のすべてを日本の膜メーカーが抑えたとしても1兆円規模であろう。つまり世界の水市場の1％しか日本が享受できないビジネスである。特に韓国、中国の膜メーカーの台頭により、膜モジュールの価格はさらに低下することが予想されている。膜の単体売りでは、将来の大きなビジネスサイズを望むことが不可能である。では水処理エンジニアリング会社はどのような戦略をとればよいのか。海水淡水化事業で先行する、いわゆる水メジャーといわれるヴェオリア、スエズをはじめ欧米のエンジニアリング会社は、顧客から造水プラントの包括契約（EPC+O＆M）で数千億円規模の契約を取り、その後は日本の膜メーカー同士を競争させ安価な膜を購入することにより、大きな利益を出している。日本の水処理エンジニアリング会社は装置建設だけではなくO＆Mに関わるビジネスも手掛けなければ、今後の飛躍は望めないであろう。しかし周回遅れの海水淡水化ビジネスでは難度が高く、市場の伸びに支えられ、ある程度は伸びるが日本の独自性は発揮できないであろう。

3．世界を救う下水処理水の脱塩

　最終的なゴールは「下水処理水の脱塩ビジネス」である。人口増加とともに増え続ける下水処理水を飲料水や工業用水に、または最大の水需要先として農業用水として使うことが世界の要求課題である。OECDの調査では、2013年に世界で製造された化学物質は14万種類で総量は1,300万ｔ、その中で年間1千ｔ以上生産された化学物質は5,235種である。さらに世界の化学物質総量は2020年までに40％増加するものと推定されている。つまり、これらの化学物質は遅かれ早かれ水環境を汚染し当然下水中にも含まれるであろう。現在（2015年）、下水の膜処理として膜式活性汚泥法（MBR）が普及しているが、飲料水や農業用水として安全・安心を保つためには溶け込んだ化学物質を完全に除去できる「MBR+高フラックスRO／NF膜、ナノ・カーボン膜の開発やコスト競争力のある膜システムの開発」が急務である。下水処理水の脱塩こそ日本が独自性を発揮する場であろう。日本勢の活躍を期待している。

❼欧州連合(EU)の水質に関する環境政策
～欧州・水枠組み指令の動向～

―下水道情報（2015年10月27日発行）―

　欧州連合（EU）は、2015年までにEU内のすべての水域（河川水、地下水、沿岸水系）を科学的、生態的に健全な状態にすることを目的に2000年12月に「EU・水枠組み指令」を発効させた。加盟国には、欧州委員会の水枠組み指令を基に国内における水関連施策の法制化（国内河川管理の法制化など）や河川の水質分析の履行、水質分析に基づく水質改善のための達成目標と行動計画の制定・公表などが義務付けられた。2015年の第一次目標年度を迎え、現在まで「EU・水枠組み指令」はどこまで達成されたのか、その後の水枠組み指令の動きはどうなるのか、その概要を述べる。

1. 欧州委員会

　欧州委員会(European Commission) は欧州連合（加盟27ヵ国）の政策執行機関であり、委員会は法案の提出、決定事項の実施、基本条約の支持など日常の欧州連合の運営を担っている。いわば欧州委員会は加盟国から独立した立場で超国家的な権限を持つ機関として行動している。委員会は28人の委員（首相経験者5人、副首相経験者4人、閣僚経験者19人）による合議制で運営、1つの加盟国から1人の委員が選出され委員は自らの出身国より欧州全体の利益を代表することが求められている。現在（2015年10月）の委員長は前ルクセンブルグ首相のジャン・クロード・ユンカー氏で各委員の任期は5年間である。

　委員会は定められた基本条約や各種法令が各国で遵守されることを指導する義務を負い、状況により加盟国や他の欧州連合の機関を相手として欧州司法裁判所に訴訟を提起することができる。また欧州委員会は加盟国の共通外交・安全保障政策の遂行とともに、他の国際機関に対し欧州連合の外交を担うこともできる組織も有している。委員会による法案提出は通常、

経済分野での規制に集中しており、その多くは予防原則に基づくものである。例えば「気候変動への取り組み」や「遺伝子組み換え作物の規制」、「水質の環境規制」などがあり、他の国家基準より厳しい規制を設けている。ある意味では厳しい規制を設けることにより欧州の経済権益を守る番人の役目も果たしているといえる。この欧州委員会はベルギー・ブリュッセルにあるベルレモン・ビルに置かれ、約2万5千人の職員を擁している。委員会の中では英語、フランス語、ドイツ語が作業用語として使われている。ベルレモン・ビルは先進的な構造で4つの翼が中心部で結合しており、上空から見ると十字架の形をしている。【写真】

２．水枠組み指令

水の枠組み指令（WFD：Water Framework Directive）の歴史的な背景は、それまでの欧州各国の様々な水質改善政策を包括的に見直したものであり、その起源は1975年に制定された「飲料水として利用される河川および湖沼の水質基準」である。この基準は飲料水だけではなく、魚介類のための水質、海水浴場の水質、地表水の水質基準なども定められている。さらに1988年欧州委員会ではフランクフルトで開催された「水質に関する欧州閣僚会議」で上記

欧州委員会のビルと筆者（上の写真も）

の基準見直しが討議された結果、改正案が提案され「都市向けの排水処理指令および硝酸塩指令」が採択された。1995年、欧州委員会は「欧州地域全体の水質会議」を開催し、加盟各国から250名の専門家の参加を得て、今までの水質改善の目的と手段を抱合した「水枠組み指令案」が提案され現在（2000年12月）の水枠組み指令に繋がっている。

2-1　水枠組み指令の目的

水枠組み指令の目的は、「欧州域内における水質に関する環境汚染防止と、現状の水環境の改善」である。ＥＵ域内には約10万の水源があり、その80％が河川水であり、15％が湖沼水、沿岸水が5％である。

水枠組み指令の具体的な目的として①水質・水量・生態系の観点からＥＵ水域の良好な状態を達成する、②ＥＵ全域を流域ごとに分割し、その分割単位で流域計画を策定し良好な水域を達成する、③水管理における重要な決定には、利害関係者、特に住民の参加を強化することが明記されている。

2-2　水枠組み指令の環境目標

各水資源（地表水、地下水、水環境保護地区）に関し、それぞれの環境目標が設定されており、2015年を第一次目標達成年としている。加盟各国に対し、具体的な内容と達成日時が示された。水枠組み指令は複雑な遂行プロセスであり、加盟国から多くの問題点が指摘されたが、走りながら加筆修正をすることとなった。指摘された主要な問題点は①非常に厳しい指令の実施日程、②指令内容の複雑さと問題解決策の多様性、③課題に対する科学的・技術的な根拠の脆弱性、④技術的なガイダンスの不備、⑤共通認識の不足などが提案され、このような課題を解決するために4つの作業グループが設立された（情報共有グループ、ガイダンス作成グループ、情報管理グループ、適用試験・確認グループ）。各項目の達成期限は12月22日としているが、欧州らしくクリスマス休暇の始まりを期限としている。【表】

2-3　水枠組み指令の実施状況

ＥＵ域内の水生態系に影響を及ぼす化学物質の特定とそのモニタリングが主体的に進められた。

1）有害汚染物質の特定作業

水枠組み指令の重要項目として

水生態系に有害な物質の特定作業（第16条）が挙げられ、有害物質を特定するとともに、これらの物質を20年以内に全廃することが求められている。EU加盟国から約82万件のデータの提出を受けモデリングで解析、その結果特に危険性が高い33物質（ベンゼン、ジクロロメタン、シマジンなど）が特定された（2001年）。そのうち11物質が「優先的に処理対象とする危険物質」、他の14物質が「優先的な処理対象危険物質の候補」とされた。

2）地下水を汚染する化学物質の特定

特に地下水を汚染する化学物質を特定する作業で、前述の33物質に新たな8物質（エンドリン、トリクロロエタンなど）を加え、41種類の有害物質の使用・排出を制限する目標が示された（2006年7月）。

3）地下水の汚染防止

2003年9月には、表流水指令と関連し地下水の汚染防止の新指令が提案された。この指令はEU加盟国が共通の水質基準を用いてモニタリングを実施し、その汚染源の削減を目指す内容となっている。

2－4　水枠組み指令の進展

2000年に発効後、6年ごとに根本的な見直しをすることでスタートした水枠組み指令であるが、2006年時点での評価は、加盟国からの報告の義務は95%遵守され、23の加盟国が第1項目の「水枠組み指令の国内法制化」を達成したがルクセンブルグとベルギーが未

水枠組み指令の実施日程概要

日　程	実施項目
2000年12月22日	水枠組み指令の発効（第22条）
2003年12月22日（発効から3年以内）	指令に準ずる法律や規制、各条項が発効（第24条）
2004年6月22日（発効から4年以内）	欧州委員会に所管官庁のリスト提出（第3条）
2004年12月22日	水資源利用の経済的影響に関する分析の完了（第5条）特別保護地区の登録（第6条、7条）
2005年12月22日	地下水汚染防止策とEU水質基準の合意が存在しない場合、各国は国家レベルで目標値を設定すること（第17条）
2006年12月22日	河川流域の水質管理のモニタリング・プログラムの開始　EUレベルの優先汚染物質のリスト（第16条）が存在しない場合、各加盟国は環境水質基準や汚染源の管理に関する基準を設定すること（第16条）
2007年12月22日	河川流域地区の水質管理に関して重要課題の中間報告
2008年12月22日	河川管理計画案を発表し諮問を行うこと（第14条）
2009年12月22日	河川流域の環境目標達成の方策を決定（第11条）
2010年12月22日	水資源の適正価格の実施
2012年12月22日	各河川流域の環境目標達成プログラムの実施、中間報告
2015年12月22日	主要な環境目標を達成（第4条）
2015年12月22日以後6年ごとに	第1サイクルとして管理計画の見直しとフォローアップ、諮問と中間発表を行うこと（第13条から15条）
2021年12月22日	第2サイクル目標年度
2027年12月22日	第3サイクル目標年度

達成であった。また24の加盟国が第2項目「河川流域の選定と管理当局の任命」を完了した（イタリアのみ未達成）。同じく24の加盟国が第3項目「河川流域の特性、水資源利用の経済的な影響分析」を完了している（イタリアのみ未達成）。これらの結果について委員会は、その評価報告書を作成し2007年に公表された。

・国際河川流域ではEUおよび非EU諸国との国際協力が必要である。
・所管官庁の任命に関し仕組みが複雑で、責任の所在が明確化されていないケースが存在する。
・地下水の河川流域への割り当ては、ほとんどの場合、不明確である。
・河川流域地域の境界線は政治的な側面が強く、水理学的な境界線から乖離しているケースが多いと報告され、次の6年後を目指して加盟各国に遂行指令を発している。

2-5　加盟国による履行の温度差

欧州委員会は2010年、未達成の加盟12ヵ国に警告書を送り履行を求めた。警告を受けた国は、ベルギー、キプロス、デンマーク、ギリシア、アイルランド、リトアニア、マルタ、ポーランド、ポルトガル、ルーマニア、スロベニア、スペインである。

逆に最も水枠組み指令に基づき積極的な取り組みをした国はドイツである。もともとドイツの水管理法（1957年制定）は表層水域、地下水、沿岸水を対象としており、水資源全体を公水と捉えている。さらに同法は水循環を一体的に捉えた法律であり、治水、利水、水質保全などが盛り込まれている。規制の具体的な内容は、連邦法では枠組みを示し、詳細は州法で述べられている。1996年の改正連邦水管理法では、河川流域に氾濫原を設けることが義務化され、かつて存在していた氾濫原の回復が図られている、当然各州法にも、同様な氾濫原を設けることが定められている。ドイツはEU枠組み指令を国内法制化するために2002年6月に本法律の改正を行い、汚染物質の除去や生態系の水域の管理を徹底している。州の取り組みでは州内のワーキンググループの設置で利害関係者（州の環境行政関係者、農業・林業関係者、自治体、水組合、水道事業者、NGO、NPO

対象となる国際河川流域

河川名	総延長	流域国数
・ドナウ川	2,860km	10ヵ国
・ライン川	1,233km	6ヵ国
・エルベ川	1,091km	4ヵ国
・エムス川	371km	2ヵ国
・ムーズ川	925km	3ヵ国
・スヘルデ川	350km	3ヵ国

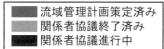

■ 流域管理計画策定済み
■ 関係者協議終了済み
■ 関係者協議進行中

水枠組み指令に基づく流域管理計画策定状況

など）の参加を得て相互調整に取り組んでいる。例えば水組合では、汚濁負荷に応じた納付金制度や持続可能な水供給と水質管理が討議されている。2009年にはWFDに完璧に対応した改正・水管理法を制定している。【図】

３．まとめ

2000年のWFD発効以来、加盟国の努力により遂行されてきたが、15年後の現在でも、①EU域内の47％の表流水は良きエコロジカルな状況となっていない。②EU域内の25％の地下水は、人間の活動により化学物質で汚染され続けている。③表流水の４％がモニタリング不足であると指摘されている。さらに地中海と黒海沿岸の過剰取水やEU域内の農業肥料による富栄養化、洪水対策など未着手な項目が山積である。これは加盟27ヵ国の合意形成を含む、国際的な水問題の解決はいかに難しいかを物語っている。日本では昨年４月に「水循環基本法」が制定され、これから「流域水循環協議会」が設置され、水環境を守る具体的な法制化に取り組むことになっているが、先行するEUの水枠組み指令をよく研究する必要があるだろう。

❽知られざる北朝鮮の上下水道事情

―下水道情報（2015年11月24日発行）―

2015年10月10日に平壌で開かれた朝鮮労働党創建70周年の軍事パレードの模様が全世界に発信された。多くのメディアがその軍事力や兵器の能力を論じた。北朝鮮当局から一切それらの数値的な説明はない、すべてマスコミの推測である。

北朝鮮に関わる統計的な数値の判断は極めて困難である。なぜなら1965年以降、すべての統計的な数字や人事情報は国家最高機密とされ当局から公表されていない。現在（2015年）得られている数値の多くは複数の海外メディアや衛星写真の解析、国際機関または脱北者からもたらされている情報の一部である。

2015年10月に、私が北朝鮮を訪問した理由は国連ニューヨーク本部勤務時代から水の専門家として多くの途上国や紛争国の水問題解決に従事してきたが、北朝鮮の水問題に関しての信頼できる情報が極端に少ない。そこで現地入りし自分の目と足で「北朝鮮の上下水道事情」を直接確認してみたいというのが訪問目的であった。

1．北朝鮮の基本知識

面積は日本の国土面積の約30%であり、朝鮮半島の面積の55%を占め韓国より大きい領土を有している。人口は2,500万人（国連推計、2015年）で平壌には約220万人が居住、軍人は130万人を超すといわれている。政治的には社会主義であり配給制度で成り立っている。食糧、教育、電力、教育は原則無料となっているが、経済政策の失敗と海外からの経済制裁を受け、食糧は6割配給で国民の半数が栄養失調の状態（国連調査）であり、電力は燃料を購入する外貨がなく国家として厳しい情勢が続いている。年間降雨量は平壌で1千～1,200mmであり、仮に水インフラが整っていれば食糧の増産や十分な給水ができるはずである。

２．北朝鮮の水道事情

　平壌市内のビルやホテル、住宅には水道が完備されているが、常時水が出ないことが多い。電力不足で給水ポンプが稼働できない。案内人付きで筆者も市内のビルやレストランに入ったがトイレには大きな水タンクが常設され、用を足した後、ひしゃくで水を汲み自分で流すことが要求された。【写真１】

　また中核市（会寧市）の水道事情についてアジアプレスは次のように述べている。

　「水道管の老朽化で真っ赤な錆水が出たり、ひどい消毒の匂いがする水道水が供給されている。水圧が弱くアパートの３階以上に住む人は１階まで降りてきて水を汲んでいくしかない、しかもそんな水道も１日に１～２時間ほどしか出ない、最近の水質調査では発がん性物質が検出されたが、住民はそのまま飲んでいる」と。

●農村部

　板門店までの３時間

のバスでの移動中、農村部には水道施設（給水塔、水道橋、マンホール）らしきものは一切なく、河川水や地下水に頼っているものと思われる。同じくアジアプレスで地方の水道事情を報道している。「住民たちは水道が出ないから川の水を汲むしかない、川の水を飲むことは不衛生だということは知っているが、目の前の蛇口から"10日に１回くらいしか出ない水道"を待っていては生活ができないから川の水に頼っている」と。これらの状況を改善するため国際機関（UNICEF）や豪州政府、スイスなどが資金援助しているが、外国人の現地入りが制限されているために効果が確認されていない。これ

写真１　レストランの水道事情

は外国人向けのパンフレットに掲載されていた珍しい写真である。金正日（キム・ジョンイル）総書記が水道の出をチェックしている。つまり国家的な目標を示しているといえよう。【写真2】

3．北朝鮮の下水道事情

1960年代に旧ソ連から援助された浄水場や下水処理場が存在するといわれているが、定かではない。仮にあったとしても老朽化で使えなくなっているだろう。

平壌では2010～2013年にかけてクウェート政府からの援助（約28.3百万ドル、約34億円）を受け下水処理場や下水管を整備したといわれているが、現実にはポンプ場のみであり、ほとんどが無処理のまま大同江（テドンガン）に放流されている。

農村部は当然ながら汚水処理はなく、川の水や井戸水は汚染された飲料水となっている。国連の調べによると北朝鮮の乳児死亡率はアジア36ヵ国の中で最高（1千人当たり23人）となっている。

4．北朝鮮の電力事情

●北朝鮮付近の夜間衛星画像

昨年（2014年）、NASAが発表した北朝鮮付近の衛星画像が世界中に衝撃を与えた。

これを見れば電力事情の説明は不要であろう。北朝鮮はまるで海のように真っ暗であり、首都平壌や数ヵ所の都市がわずかに光っているだけである。昼に見た平壌市内の高層ビルも半分くらいしか点灯していない。【写真3、写真4】

照明がついているのは省庁や国の施設、キム親子を讃える記念碑やモニュメント、さらに労働党幹部の

写真2　水道の出をチェックする金正日総書記（2010年10月）

写真3　北朝鮮付近の衛星画像（2014年2月26日NASA撮影）

写真4　平壌市内の高層ビル群（2015年10月7日筆者撮影）

国から供給される220Ｖ、60Hz給電は2～4時間、さらに電圧、周波数の変動が激しいので自前で自動AC制御変圧器を設置している

写真5　自前で自動AC制御変圧器を設置

写真6　裕福な家庭はソーラー発電で自衛①

住宅や軍関連施設である。もちろん我々、外国人が逗留する指定された高級ホテルは24時間給電されている。

●電力事情

　外貨不足で石炭の生産設備の老朽化対策や設備増強ができず、結果として電力不足になり、それが石炭生産量の減少を加速し、さらに電力不足となる悪循環となっている。水力発電も長年続く干ばつで貯水量が激減し発電量も減少している。さらに深刻なのが旧ソ連の援助を受けて建設された送電線網が老朽化し漏電や断線が頻発している。世界に向けてPRしている首都平壌を除き、他の都市では1

日2～4時間給電、農村部では停電が続くか時々1～2時間の点灯である。

●**裕福な家庭はソーラー発電で自衛**

平壌から軍事境界線の板門店まで行く途中の中小都市のアパートや、国道近くの住宅を見ると、多くの家で窓枠やベランダ、屋根にソーラーパネルを設置している。かつては労働党や軍の高級幹部にしか手が出なかったソーラーパネルとバッテリ、それに電圧安定化装置（ほとんどが中国製だが、最近は国産品も増えてきている）セットが安くなり、ある程度の富裕層には手に入る価格となっている。

闇市場では20Wパネルが50ドルくらいで取引されている。家庭で電力が確保できるのに連れて携帯電話の利用者が倍増し、2015年度中には250万台から300万台になるとの予測も出ている。北朝鮮国内は完全に海外とのインターネットは遮断されており、国内のイントラネットのみであるが、それでも海外の情報が続々と入るようになり当局は神経をとがらせネット検閲を強化している。【写真5～7】

電力がなければ、すべての社会インフラは成り立たない。まずは電力の確保に国を挙げて取り組むことが最優先課題である。

写真7　裕福な家庭はソーラー発電で自衛②

❾ ミシガン州フリント市の水道水鉛汚染

―下水道情報（2016年2月16日発行）―

本年（2016年）1月16日、バラク・オバマ大統領はミシガン州フリント市に緊急事態宣言を発した。10万人の市民、特に乳幼児・子供たちの血液から高濃度の鉛が検出され、すべての市民に水道水を飲むことを控える要請と、州兵や警察、ボランティアを総動員し、雪道の中を全世帯にペットボトルやビン詰めの水、さらに鉛を除去するフィルターを配布する命令を下した。米国では大統領による緊急事態宣言は、本来ハリケーン・カトリーナのような巨大な自然災害に発せられるが、なぜ今回は人災ともいえる水道水の鉛汚染に発せられたのか、また水管理の責任者、さらに州知事が殺人予備罪で訴えられようとしているのか。2月に入り連邦捜査局（FBI）と米国環境保護庁（EPA）は合同で強制捜査に乗り出している。経費節減が招いた10万人への鉛中毒汚染、その背景について述べる。

1．経費節減が招いた10万人市民の悲劇

ミシガン州フリント市はデトロイト市から北西約60マイルに位置する都市である。この市は米国を代表するゼネラルモーターズ（GM）の発祥の地であり、長年にわたり自動車産業の城下町で製造の中心地であった。1950年代にGMは米国最大の企業となり拡大路線をとったが2000年以降は経営戦略の失敗により2009年に経営破たんし国有会社となった。同時にフリント市も財政破たんを来たし、事実上はミシガン州の管理下に置かれた。

20万人以上いたフリント市の人口は半減し、犯罪率の著しい増加とともに白人は市内から逃げ出し黒人主体の市となっていた。では、そこで何が起きたのか。

●財政削減で取水コストを削減

居住人口半減に伴いフリント市はあらゆる財政負担を軽くするた

めに、予算削減に取り組んできた。その中に水道事業の予算削減があった。具体的には従来、デトロイト市から購入していた水道水の購入費を削減するために、市内を流れているフリント川からの直接取水であり年間400万ドル（約4.7億円）のコスト削減を実施したのが2014年4月であった。

フリント川から直接取水を始めてから、市民からクレームが続出。住民から水道水が濁っている、臭いがある、頭痛や発疹ができた、家族の髪の毛が抜け始めたなどの多くのクレームが水道局に寄せられたが、市当局は「水道水は、連邦飲料水安全法に合致しており、安全であり健康には問題がない」と回答を繰り返していた。

● 血液中から高レベルな鉛イオンを検出

2015年10月に医療機関が子供たちの血液中の鉛のレベルを調査したところ、高濃度の鉛レベルが検出され大騒ぎになり、その原因を追究する過程で水道水源が注目された。

● フリント川の水質

フリント川の水質は、五大湖の水質とは異なり、汚染がひどく腐食生成物が多く含まれ、市内の老朽化した水道配管（鋼管および鉛管）を腐食させた。連邦水質基準では水道水の鉛イオン濃度15ppb

TV報道・CNN「フリント市の鉛毒入り水道水」

49

（ppmの１／１千値）だが平均で10倍（150ppb）が検出された。なぜ水道管が腐食し、高濃度の鉛イオンが溶出したのか。フリント川の水質はデトロイト市が使っている五大湖（ヒューロン湖）の水質と異なり腐食を引き起こすサルファイド（硫化イオン類）やクロライド（塩素イオン類）が多く含まれ、市内の水道鋼管や鉛管が急激に腐食し高濃度の鉛イオンが水道水中に溶け出したものと推定され、関係者やバージニア工科大学の調べでも末端給水栓にて鉛イオン500ppb、さらに１万3,200ppbを検出している。

　このような高レベルの鉛イオン入りの水道水を10万人（約３万３

問題水源となったフリント川

千世帯）の市民に約２年にわたり給水していたのである。市当局は鉛問題が発覚すると同時に、再びデトロイト市から水道水源を購入し、市民には安全性をＰＲしたが、大きく腐食した配管からは今も鉛イオンが溶出している。医師団は現在、妊婦や老人、子供に対し「今後もフリント市の水道水を飲まないように厳重に警告」している。

２．鉛中毒の怖さ

　成人では、皮膚炎や発汗、髪の毛が抜ける、腎臓障害などが顕著で、妊婦では流産などの健康被害が知られているが、乳幼児、子供たちにはさらに大きな健康被害がもたらされる。子供たちが鉛中毒になると脳細胞に直接作用し記憶障害やＩＱの低下、学習障害、健康障害さらに異常行動の増加となって現れ、これら鉛による健康被害は不可逆的で、一生涯にわたって決して治ることのない障害なのだ。小児科医師団は、フリント市の子供たち（６千人から１万２千人

シュナイダー知事の命令で調査した老朽化・腐食が進んでいる水道管

が対象）の鉛中毒の健康被害は「5～15年にわたる長期的な経過観察が必要だ」と語っている。

3．レジオネラ菌でも10人死亡

さらに調査を進めると、驚くべき事実も判明した。汚染されたフリント川に肺炎を起こすレジオネラ菌が含まれており、2015年に87件のレジオネラ肺炎の患者が報告され、そのうち10人が死亡している（市当局は、水源の切り替えとの因果関係は少ないと主張している）。

4．ミシガン州政府とフリント市の対策

ミシガン州のリック・シュナイダー知事は、この緊急事態を打開するために連邦政府に31億ドル（約3,720億円）の拠出を要求した。オバマ大統領は、当初これは自然災害ではなく、人災であるとして拠出を拒否していたが、10万人が水道水を飲めない事態の解消や大統領選挙への影響を考え、連邦政府から5億ドル（約600億円）の拠出にサインし、安全な飲料水を確保する緊急事態宣言を発表した。

フリント市では水管理の責任者が辞任し、デトロイトの水源に切り替え、住民に対し「当市は連邦政府の飲料水基準を全面的に遵守しているが、水道水を飲むことは危険です」という公式見解を発表している。ミシガン州の検事総長

51

は「フリント市の鉛中毒は、日常生活で必ず必要な水道の安全が確保できなかったという基本的な人権問題である」として徹底的な調査をする意向を示している。またフリント市の対策について同市の出身の映画監督・マイケル・ムーア氏は「単なる水の危機ではなく、人種差別の危機および貧困による危機だ」と糾弾している。

5．不可解な水道行政

　現在（2016年）、FBIやEPA、さらに連邦検事局、警察など関係者で、なぜこのような鉛汚染が引き起こされたのか鋭意捜査中であるが、主題は①誰がフリント川の腐食性を無視し、水道水源としたのか、②水処理装置の設置（現在（2014年4月の施設）は塩素消毒のみで、ろ過池などがない）の完成を2016年としながら、なぜ完成しない前に市民に給水したのか、③フリント川に水源を切り替えてから、市民からのクレームが多発したが、なぜ公開されなかったか、④消毒用の塩素の使い過ぎでトリハロメタン（発がん性物質）が検出されていたが、なぜ、その対策と公表がされなかったのか、⑤

2015年10月時点で、市民からの水道水に対するクレーム件数が4万5千件寄せられていたが、紙カード記載で書類キャビネットに収納され、電子化された率はわずか25％でしかなく、関係者共通の認識にはなっていなかった、その原因はなにか、⑥フリント市の管財人としてのミシガン州知事は役割（義務と責任）を果たしたのか、など、不可解な水道行政も新たな捜査対象になっている。もちろん市民から多くの訴訟が出されており、また行政の責任を問う刑事事件にはミシガン州の身内ではない「特別検査官」が任命されている。

6．今後どうするのか

　フリント市には全米から続々とボトルウォーターや鉛除去用のフィルターが救援物資として寄付されている。しかし州兵の派遣や連邦政府による資機材や医療チームの派遣も90日限りで活動が打ち切られる。10万人の安全な水道施設の構築には、正に「焼け石に水」の状態である。調査チームによると老朽化した水道管の取り換えには、15億ドル（約1,800億円）と10年の工期を必要とする。また子

供たちの鉛の健康被害を救うためには1億ドル（120億円）、当面の水道水を飲めるようにする鉛除去フィルター費用として2,800万ドル（33.6億円）が必要になると試算している。小さな予算削減が招いた大きな代償に直面している。

7. 次期大統領候補者はどう考えているか

アイオア州の党員集会・予備選挙が終わり、民主党や共和党の候補者はさらにヒートアップし激しい舌戦を繰り広げている（2016年2月）。民主党候補のヒラリー・クリントン前国務長官、バニー・サンダース上院議員、また共和党のテッド・クルーズ上院議員、さらには不動産王のドナルド・トランプ候補者も、みんな一様にミシガン州知事、フリント市の対応を「水道は命の水であり、近代国家の中心である米国で、こんな事件が起こるのは世界の恥であり、関係者は強く糾弾されるべきである」と述べているが、大統領候補者は誰一人として、「私が全米の都市に共通する老朽化した水道インフラを整備する」とは宣言していない。水道インフラの整備問題は票に直結しないものとみられ、正に水に流されている。

全米から寄贈されたボトル水

2016年1月12日

2016年1月23日

2016年1月25日

❿下水道は情報の宝庫である

―下水道情報（2016年4月26日発行）―

　下水道には、汚水や雨水だけではなく、常に新鮮な情報が流れている。下水道はその国の社会情勢や国民の生活習慣、個人の日常生活の実態まで判明できる情報の宝庫である。

１．下水道は個人情報の宝庫

　朝、起きて顔を洗う、水洗トイレを使う、料理をつくり食べ終えたら食器を洗う……これに伴って発生する下水は個人情報の宝庫である。下水が発生した時点で、そこには人間の営みであることが明らかになる。すべての人間が生きていくためには水が必要である。水を使うから生存が証明される。し尿や糞便には、個人が使用した医薬品が含まれ、最近の超微量分析機にかければ、抗がん剤や精神安定剤、鎮静剤の種類などほとんどが判明でき、その人の健康状態がリアルに判明する。

　当然、下水の使用量により世帯の家族構成、ホルモン分析により男女の比率、使用時間により個人の生活スタイルまで簡単に想像できてしまう。常に決まった時間に決まった水量を使う、この人は堅実な人で、労働時間がキチンと決まっている公務員かな？　といった想像もできてしまう。スポーツ選手のドーピング検査は有名だが、下水に含まれる情報は犯罪捜査にも活用されている。

　例えば毎週決まった日時に大量に下水が流れる。高級マンションの駐車場には、そのスジの人が乗ってきたと思われる高級外車が並んでいる。となるとその場所で違法な賭博などが行われている可能性が高い。取り締まり当局は下水情報も１つの根拠として現場に踏み込み現行犯逮捕する（賭博は現行犯逮捕が原則）。さらに下水をサンプリングすれば、薬物（LSD、コカインなど）を使用しながら賭博している実態も明らかになるだろう。

2．地域情報…下水道から麻薬汚染の実態が明らかに

　個人ではなく、その国の、ある地域の麻薬汚染の実態や麻薬中毒患者数を調べるには下水道は最高の情報源である。2005年イタリアの科学者が同国北部を流れているポー川を調査したところ、毎日4kgのコカインの代謝生成物が、下水処理場を通じてポー川に流れ込んでいることが判明した。残留していた代謝物の総量から計算すると、この地域のコカイン使用量は年間1,500kgに相当する、取り締まり当局が予想していた吸引回数1万5千回/月をはるかに上回る4万回/日（120万回/月）と推定され、ポー川流域住民の大規模な麻薬汚染の実態が明らかになった。ではなぜ代謝生成物なのか、コカインを服用した場合、肝臓でベンゾイルエクゴニン（ＢＥ）という代謝生成物になり体外（尿）に排出される。つまりBEは必ず人間の体内を通過したコカイン量を示し、誤って（する人はいないが）下水にコカインの生を流した場合と区別できるからである。

3．欧州11ヵ国の違法薬物状況が下水道で判明

　2011年、欧州史上、最大規模となった違法薬物調査では、コカインの1日当たりの使用量は約350kgであり、最も一般的に使われているのが大麻と推定された。その大麻の使用量ではオランダのアムステルダムがトップであり、コカインの使用量が最も多かったのはベルギー・アントワープであった（学術誌：Science of the Total Environment、2011年8月）。

　薬物調査を主導したノルウェー水研究所のケビン・トーマス博士によると「下水を調査すれば、その都市の薬物市場の規模を特定できる」として欧州11ヵ国、19都市の下水処理場からサンプル水を採取し分析した（2011年3月9日から1週間）。

　その調査結果によるとコカインの使用量が多かったアントワープに続き、オランダ・アムステルダム、スペイン・バレンシア、同じくスペイン・バルセロナ、英国・ロンドン、オランダ・ユトレヒトの順であった。またアムステルダムやユトレヒト、ロンドンなどではナ

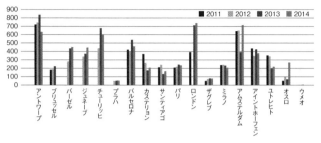

出所：EMCDDA, 2015

図1　欧州各国・都市における違法薬物の検出状況
ベンゾイルエクゴニン（コカイン）とメタンファタミン（ヒロポン）の4年間調査

大麻での首位はセルビア・ノビサド、パリは3位であった。覚せい剤の検出はチェコ、スロバキア、ドイツで高く、トップはチェコの首都プラハであった。

イトクラブで好んで使われる合成麻薬の「エクスタシー（MDMA）」が高濃度で検出された。しかしスペイン・カステリョンやストックホルムでは全く検出されなかった。覚せい剤の使用が多かったのはフィンランドのヘルシンキ、ノルウェーのオスロ、チェコのブートワイスであった。【図1】

4．欧州・主要42都市の麻薬汚染度を下水から判定

　2014年、スイスの海洋科学技術関連の連邦政府機関が主導し、欧州各国の政府機関、薬物対策団体、大学や研究所が参加し主要42都市の下水に含まれる各種の麻薬成分を分析した。麻薬汚染度の順位ではアムステルダムはコカインで首位、乾燥大麻やMDMAでは2位。

　報告書によると、欧州各国で薬物使用量が増加するのは、金曜日と土曜日の夜だという傾向も確認された。スイスではMDMAが「週末用の麻薬」であることを示唆するデータが得られた。MDMA検出量は金曜日に跳ね上がり、日曜日に最高水準になり、月曜日に激減している。今回（2014年）の調査は、欧州域内の麻薬中毒の拡大阻止を目指し、現状の麻薬汚染状況を下水水質でリアルに確認したものである。従来の麻薬調査であるアンケート方式では、回答者の信頼性が低いばかりではなく、故意に発覚を恐れ、嘘をつかれることが問題になっており、下水採取法が麻薬汚染度の調査に有効な手段であると述べている。【図2】

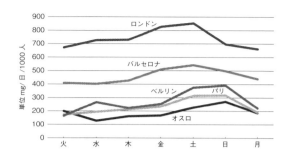

出所：EMCDDA, 2015

図2 欧州各都市におけるコカイン代謝生成物の週間濃度変化

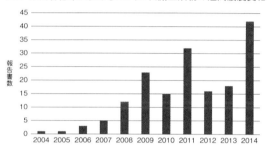

出所：EMCDDA, 2015

図3 欧州における下水中の薬物に関する報告書数の変遷

5．欧州委員会が下水中の薬物評価書を発行

　今年（2016年）に入り欧州委員会の下部組織である欧州薬物モニタリングセンターは下水中の薬物評価方法の手引書を発行（Assessing illicit drugs in wastewater、全82頁）。その中には下水中の薬物の推定方法、下水中の残留医薬品

の分析方法、統合的な違法薬物の分析方法などが明記されている。【図3】

6．韓国・下水道からの麻薬調査

　2012年、韓国の釜山大学のオ・ジョンウン教授は豪州・クイーンズランド大学と共同で国内の下水処理場の原水から採取したサンプルの麻薬残留物質を分析した（2012年12月から13年1月まで）。その論文によれば、国内5都市（釜山、昌原、密陽、金海など）の15ヵ所の下水処理場の原水から麻薬残留物17種を検出した。メタンフェタミン（ヒロポン）、アンフェタミン（覚せい剤）、コデイン（麻薬性鎮静剤）が90％以上の確率で検出された。また、ある試料から新しい麻薬であるMDMA成分も検出された。しかし欧州でよく検出されるコカイン、メサドン類、モルヒネ類は検出されなかった。研究チームは、韓国

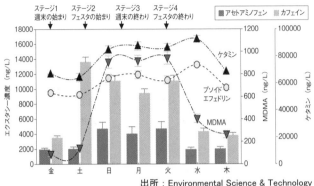

ステージ1 ステージ2 ステージ3 ステージ4
週末の始まり フェスタの始まり 週末の終わり フェスタの終わり

■アセトアミノフェン ■カフェイン

ケタミン

プソイドエフェドリン

MDMA

出所：Environmental Science & Technology

図4　台湾／音楽フェスタ前後のMDMA（エクスタシー）の濃度変化

急上昇を示したデータが前述の学術誌に掲載された。音楽フェスタの開催前、開催中、開催後に検出された各種薬物の消長を示す。【図4】

国内人口1千人当たりのヒロポンの使用量は22mgで、年間消費量は約410kgと推算し、その結果から2012年に国内で押収された押収量21kgの19.5倍のヒロポンが消費されていると分析している。しかしこの数字は、香港や中国と比べ1／5と低く、また欧州調査と比較すると最大1／80であると強調している。

7．台湾・大規模音楽フェスタで MDMA濃度が上昇

2011年に台湾で行われた大規模音楽フェスタ（60万人参加）の開催後に近隣の下水処理場から放流された河川水中にMDMA、カフェイン、抗生物質、市販薬、違法薬物が検出され、特にMDMA濃度が

8．麻薬・覚せい剤の最終処分は 下水へ流せ

他でもない日本のケースである。日本の「覚せい剤取締法」や「麻薬取引法」によると、覚せい剤や麻薬を破棄しようとする製造業者、薬剤使用機関の開設者や研究者は「品名、数量、並びに廃棄方法について都道府県知事に届け出て、当該職員の立会いの下に行わなければならない」と定められている。しかし具体的な処理処分方法については明確な方法は定められていない。固形物なら焼却処分、液体なら下水道に流すのが一般的である。東京都福祉健康局の麻薬廃棄方法では「医療用の麻薬の処理は下水道に流せ」と推奨している。

下水の総量に対し、超微量だからであろう。【表1】

　確かに下水道法には、「麻薬類は下水道に流してはいけない」という条文や規定は存在しないので違法ではない。米国食品医薬品局（FDA）の指導書では①不用薬は容器から取り出し、他のごみと混ぜて、シールをして見えないようにして可燃性ごみに捨てましょう。②液体状の麻薬は下水に流しましょう、という廃棄方法が明示されている。また州により異なった取り組みもある。メイン州では、無料の封筒をあらかじめ配り、家庭で不要になった医薬品を郵送で送ってもらい、センターで分別廃棄することも行われている。このことより医薬品の誤飲、不正流通の防止、水環境へのインパクトの提言を図っている。

9．さいごに

　現在、日本でも河川水や下水処理水を含む水環境への医薬品の影響に関する実態調査が行われ、汚染状況が次第に明らか

になってきている。現在（2016年）のところ、それらの濃度は数μg/ℓと非常に低濃度であり厚生労働省も「現時点では直ちに対応が必要な濃度ではない」と報告している。しかし微量であれ、これだけ多くの医薬品（人間用、家畜用、ペット用）が公共水域に放出されている。特に下水処理水、下水汚泥に濃縮される傾向があり、今後とも「下水から生きた情報収集」に留意し、得られた情報を基に将来の水環境の汚染防止や生態系に対するリスク低減を図ることが重要である。

表1　医療用麻薬廃棄方法（東京都福祉健康局／2014年3月）

品名	包装	メーカー	組成	廃棄方法
日本薬局方アヘン末 劇麻 要処方	5g	第一三共プロファーマ	アヘン末	水とともに下水に放流する。
日本薬局方アヘン散 劇麻 要処方	25g	第一三共プロファーマ 武田	1g中アヘン末0.1g	水とともに下水に放流する。
日本薬局方アヘンチンキ 劇麻 要処方	25mL	第一三共プロファーマ 武田	モルヒネ1W/V%	水とともに下水に放流する。
日本薬局方アヘン・トコン散（ドーフル散） 劇麻 要処方	25g	第一三共プロファーマ 武田	1g中アヘン末0.1gトコン末0.1g	水とともに下水に放流する。
日本薬局方アヘンアルカロイド塩酸塩（オピアル） 劇麻 要処方	5g	武田（パンオピン）	アヘンアルカロイド塩酸塩	水とともに下水に放流する。
日本薬局方アヘンアルカロイド塩酸塩注射液（オピアル注射液） 劇麻 要処方	1mL×10A	第一三共プロファーマ 武田（パンオピン皮下注20mg） 田辺三菱製薬工場	1mL中アヘンアルカロイド塩酸塩20mg	アンプルをカットして注射液を下水に放流する。
日本薬局方アヘンアルカロイド・アトロピン注射液（オピアト注射液） 劇麻 要処方	1mL×10A	第一三共プロファーマ 武田（パンアト注） 田辺三菱製薬工場	1mL中アヘンアルカロイド塩酸塩20mgアトロピン硫酸塩水和物0.3mg	アンプルをカットして注射液を下水に放流する。

⑪台湾の水環境と水ビジネスの現状

—下水道情報（2016年5月24日発行）—

　2016年4月に台湾で開催された「第12回世界ろ過会議」視察の機会を活用し、台湾の水処理膜開発関連研究者や膜メーカーと日・台技術検討会（主催：日本液体清澄化技術工業会）に参加した。隣国の台湾であるが、水環境や下水について報告された例が少ないので、今回、台湾の水環境および水ビジネスについて紹介する。

1．台湾の水環境

　地形は日本と同じように南北に山脈が走り、富士山より高い玉山（3,952m、旧称新高山）がそびえている。国土面積3万6,193㎢（九州と同程度）、森林面積は国土の約6割である。人口は2,344万人（2015年）で都市部の人口密度が高い。平均年間降雨量はおよそ2,510mm（世界平均の2.5倍）であるが地域により大きな差がある。

　台湾は台風の常襲地であり、毎年大きな台風に襲われ、洪水、土砂崩れ、用水路の破壊、家屋の損壊被害も多い。しかし台湾の水資源の8割はこの台風や暴風雨によってもたらされている。地形上、ほとんどの河川は東側（山）から西側（海）に流れており、縦方向の河川がない。従って水資源の取水と配水は簡単ではなく、また都市部の人口密度が高いために、利用できる1人当たりの水資源量は少なく、世界平均の1／7といわれている。過去10年間における国内水資源年間使用量は約180億tであり、内訳は農業用水が71%、生活用水約20%、工業用水が約9%である（台湾水資源局）。台湾の水環境、簡単にいうと「水資源量は多いが水不足の国」である。

2．台湾の上下水道

　台湾の上下水道の歴史は、日本統治下にあった戦前と戦後に分けて考えてみたい。

1）戦前の上下水道

●台湾インフラの父…後藤新平

　1898年、総督府民政長官として

彼の残した業績は多岐にわたるが、インフラ整備面で見れば、まず鉄道や港湾、道路など交通網の整備を挙げることができる。その代表的なものとしては、縦貫鉄道の敷設、基隆港の国際商業港としての再整備などがある。さらに、旧台湾総督府官邸などに代表されるような、スケールの大きな建造物の建設も、その多くは後藤の発案で進められたものである。

さらに日本の諸都市に先んじて大規模な上水道や下水道の整備（雨水、汚水分流式採用）も進められた。医学学校で学んだ後藤にしてみれば、台湾は高温多湿の気候で衛生状態が極端に悪く台湾全土で水による伝染病（ペスト、コレラ、赤痢など）や風土病、マラリア病が蔓延していた状態を一刻も早く改善したかったのである。水道の整備には、日本水道を指導育成した英国人W・バートンと、その弟子の濱野弥四郎を送り込み、当時と

しては最新の土木建築や最先端の水道施設を整えた。これら戦前・戦後の台湾水道を支えた機器類は、台北の「自来水（水道）博物館」に保存されている。

●水利事業は八田與一

日本統治時代、台湾の主要産業は農業（稲作、サトウキビ、キャッサバなど）であり、水利施設の拡充は台湾経済の発展に重要な地位を占めていた。1901年、総督府は『台湾公共埤圳規則』を公布、以前からの水利施設を改修するとともに、新たに近代的な水利施設を建設することをその方針とした。八

左上：台湾・台北市水道局自来水（水道）博物館
左下、右：日本統治時代に設置されその後、約50年にわたり使用されていた荏原製ポンプ【1922年製、300HP】

田與一は1920年から10年間で灌漑用水路網や当時アジア最大の烏山頭ダム（有効貯水量1億5千万ｔ）を完成させた。これら水利事業の整備は台湾の農業に大きな影響を与えた。台湾の教科書には八田與一の業績が紹介されており、毎年、彼の命日には慰霊祭も行われている。

２）戦後の上下水道

〈水道事業〉

　1945年以降、水道事業は急ピッチで進められ現在水道普及率は97.5％、給水人口は2,300万人に達している。しかしながら管路網が老朽化しており、漏水率が高く、漏水や無収水を合計した無収水率（NRW）は30％に達している。日本と異なるのは、水道水は総硬度に差はあるもののすべて飲用可であるが、ほとんどの市民は飲用や調理に水道水を使わず、別途購入した宅配水やペットボトル水を使用している。歴史的に水道水への不信があるようだ。

〈下水道事業〉

　先に述べたように下水道は雨水と汚水の分流式である。雨水下水道の普及率は66.5％でほぼ全国各地で整備されている。台北市の雨水下水道の普及率は96.7％であり、豪雨災害に遭遇しても首都圏を守る構造となっている。

　問題は汚水下水道の全国普及率が43.5％であり、下水処理場も未整備で河川の水質汚染が問題となっている。首都台北市の汚水下水道普及率はほぼ100％であるが、台中市などは39.5％である。また県別では新竹県は70％、桃園県51.6％、苗栗県は18.8％と地域的に大きなばらつきがある。

　この数値も台湾政府が第3期汚水下水道建設計画（2003-2008年）の6年間で約784億台湾元（約27億米ドル）を投資し、平均普及率を6％上昇させた結果である。

３．水ビジネス市場

●上水道関連…管路の更新需要

　台湾の水道関連ビジネス規模は約350百万米ドル（2017年）といわれ、伸び率は管網が4％、浄水プラントが6％である。水源開発や管路網の更新需要が主である。

●下水道関連…管網整備

　下水道関連のビジネス規模は850百万米ドル（2017年）であり伸び率は管網が7.7％、下水処理プラントが4.2％である。

●民間の水処理…膜が今後本流か

水処理市場で使用される機材類（配管、バルブ、ポンプ、膜類など）の2015年度の市場は約800百万米ドル、その伸び率は5～6％とみられ2018年度には950百万米ドルに達すると予想されている。10年ほど前は電子産業や半導体産業を中心に超純水装置などの高度処理の需要が多かったが、現在は半導体工場の中国移転などにより市場が限定的なものになっている。限られた超純水市場であるがオルガノ・テクノロジー（島田健・董事長／総経理）は頑張っている。非公式であるが、毎年70～100億円近い売り上げをしている。これは顧客に密着した営業努力と現地至上主義（本社に相談していたら対応が遅れる）の成果であろう。今後の明るい材料としては、台湾政府が大規模工場や新設工場から排出される排水を85％以上回収するように義務付けを開始したことである。水回収率

左上：中国製鐵（高尾）の水回収プラント（RO膜＋UF膜、処理
　　　量1万3,500㎥/d）
右上：GE製RO装置
　下：日本液体清澄化技術工業会（LFPI）視察団（2016年4月
　　　14日、台湾高尾市）
団長：松本幹治・横浜国立大学名誉教授（前列・左から3人目）、
　　　同2人目が筆者

規制に適応できない企業には罰金やペナルティ、操業停止処分なども織り込まれている。

今後は水回収の前段として膜式活性汚泥方式（MBR）の市場が拡大するものとみられている。では台湾膜の実力はどうであろうか。

今回（2016年4月）の世界ろ過会議に併設された展示会でも、台湾発の独創的な膜の展示はなかった。高尾市にある中国製鐵の水リサイクルセンターを視察したが、ここでは米国ＧＥ製のＲＯ膜が使用されていた。説明員によると台湾で使われているＲＯ膜の8割はＧＥ製とのこと。

また、台湾で先端的な膜を開発している中原大学薄膜開発研究センターを訪問し意見交換したが、新しい膜の製造より、むしろ最新鋭の分析機器（ポジトロン解析機、SEM、生物原子力顕微鏡など）を駆使し既存膜の構造解析や、膜汚染（バイオファーリング）のメカニズム解析に注力している印象であった。

膜の世界では、新しい膜の保証性能を得るためには数年かかるので、むしろ既存膜のファーリングをいかに早く防止または洗浄する

ノウハウを持つかの方が膜ビジネスに役立つであろう。

4．台日・液体清澄化技術検討会

日本側から松本幹治・横浜国立大学名誉教授が団長で、造水促進センター、オルガノ、ユニチカ、旭化成ケミカルズ、安積濾紙、マイクロテック、新栄化学産業、グローバルウォータジャパンなどが参加、台湾側から、台湾大学、淡紅大学、中原大学の各教授および台湾側の水関連企業とお互いの技術内容の発表と意見交換を行った。

5．台湾における今後の水ビジネス市場

台湾市場は限定的であり、むしろ巨大市場である中国への足掛かりとして活用すべきであろう。台湾は既に中国政府と自由貿易協定（FTA）を結び、多くの品目が台湾で組み立て、無関税で中国へ輸出できる体制になっている。中国の水処理市場は巨大である。例えば中国の水処理膜市場の市場規模、チャイナ・ウォーター・リサーチ（内藤康行代表）報告によると2020年までに2千〜2,500億元（約3.8〜4.8兆円）の市場が見込まれてい

る。正に世界最大の水処理膜市場が展開されるであろう。

今まで多くの日本メーカーは中国市場に単独で挑み辛酸をなめてきたが、まずは台湾企業と手を組み、最終的に中国市場を狙うのも1つの選択肢である。

中原大学：薄膜研究開発センター（台湾・中壢市）
左側：LFPI視察団　右側：中原大学・李魁然教授（一番左）とスタッフ

台日・液体清澄化技術検討会（2016年4月15日、台北市）

⓬インド経済のアキレス腱は 水とトイレ問題

―下水道情報（2016年6月21日発行）―

インド政府が5月末に発表した2015年度の実質国内総生産（GDP）成長率は、政府の予想どおり前年度比7.6％増で、多くのアジア諸国のGDPが振るわない中、インド経済の絶好調さが際立っている。その背景は「モディノミクス」と称される3本の柱である。しかし今後のインド経済の先行きを考えると水とトイレ問題という大きなアキレス腱を抱えている。

1．モディノミクスの3本柱

1番目の柱は外資の導入である。2014年5月に発足したナレンドラ・モディ政権は「メイド・イン・インディア」ではなく「メイク・イン・インディア」（インド国内でモノつくりを）をスローガンに掲げ、製造業の拡大を目指して積極的な外資の導入、インフラの整備、税制の簡素化などを推進し、多くの外国企業の投資を呼び込むことに成功した。米国の自動車大手、フォードの新工場の稼働やラ

イバルのゼネラルモーターズ（GM）工場の新規投資（10億ドル）、さらにシャープの買収で注目された鴻海精密工業（ホンハイ）も50億ドルの投資を決定している。つまり人件費が高騰している中国からインドへ生産拠点を移そうとしている外資系企業をうまく捉えたのである。

2番目の柱はインド中央銀行の信頼感の向上である。2013年9月にインド中央・準備銀行（RBI）総裁に就任したラジャン総裁は、成長の妨げになっていた高いインフレ率を押し下げ、物価の安定を取り戻すことに成功した。10％を超えていたインフレ率が目標以下の6％台まで低下し人民の実質的な購買力が増し、個人消費が経済成長を支えている。

3番目の柱は原油安である。インドは世界第4位の原油輸入大国であり、原油価格の下落が経済成長の追い風となっている。

●経済の長期見通しも安泰

インドの魅力は人口動態にある。国連の推計では6年後の2022年には中国の人口を抜き去り、総人口が世界一になる。その人口ピークになるには、それからさらに50年かかると予想され、つまり経済成長を支える人口増が、これから半世紀以上も続くのである。現在（2015年）のインド人の1人当たりのGDPは2千ドルであり、中所得国の目標であるGDP1万ドル程度まで5倍の上昇余地が残されている。国際通貨基金（IMF）の調査によると過去10年間（2006-2015年）の株価は年平均で10.8%上昇しており、過去の成長率と株価の関係では、仮に7%台の成長を維持した場合は、インド株価は10%以上上昇し、向こう5年間での株価上昇率は2ケタ代の高い伸びも期待されている。

このように順風満帆に見えるインドの経済発展も大きなアキレス腱を抱えている。それは経済成長と国民生活を支える水資源の存在である。

2．インドの水資源…絶対的に不足

インドは南アジア最大の国土面積（3,287千km²、日本の8.7倍）を持ち、年間の水資源量は1,897km³/年で、日本の4.6倍もあるが、1人当たりの水資源量は人口が多い

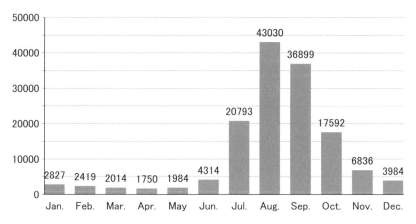

出所：GRDC Ganges Basin Station（1949〜1973年までの平均データ）
ガンジス川の月別流量（m³/s）

ため、日本の約半分1,647㎥/人・年である。降雨量が多いのはインド南部であり、しかもモンスーン気候で、6月初めから4ヵ月間で年間降雨量の3／4の雨が降るが水インフラ（貯水池や灌漑用水路）が未整備なのでモンスーン後半では、貴重な水資源は洪水となって流れ去り、あとは乾いた灼熱の大地が残される。インド水資源省の発表では水資源の8割が農業用水として使われ、現在（2016年）で

も水不足が深刻であり、2030年には、さらに年間600k㎥の水需要（現在（2016年）の1.5倍）が見込まれている。インド政府は「水資源が国の運命を左右する」として水資源の確保に奔走している。

3．国家間の水争い

●インドと中国の水争い

中国はヒマラヤ山脈で隣国と接する流域に100以上のダムをつくろうしている。ヒマラヤの氷河や雪解け水は人口大国の両国にとり生命線であり、インド政府はお互いの水資源開発について水資源開発協定を締結し、「ヒマラヤ河川委員会」に参加を呼びかけているが拒否されている。同じように中国はアジア最大の国際河川である「メコン河委員会」にも参加を拒否してい

Index
Depth to Water Level (m bgl)
■ < 2
■ 2 to 5
□ 5 to 10
■ 10 to 20
■ 20 to 40
■ > 40 m
▨ Hilly Area

出所：CGWB Ground Water Year Book 2010-2011 India
地下水の水位（2011年）

68

る。

●インドとパキスタンの水争い

インドとパキスタンの国境地帯にあるカシミール渓谷北部のキシェンガンガ川で、逆にインドは水力発電ダムを建設している。パキスタンに流れ込む直前の地点である。パキスタン政府は、このダムが川の流れに影響を与えるとしてインド政府に中止を申し入れたが聞き入れられず、国際司法裁判所に提訴している。しかし工事は続けられている。

国家間の大きな争い、「20世紀は石油を巡る争い」だったが「21世紀は水を巡る争いになる」といった世界銀行セラゲルディン副総裁の言葉が現実となっている。

4．インドの農業用水

耕地面積は1億8千万haあり、世界第2位の規模を誇る。農業人口は労働人口の約半数（6億人、しかし8割が貧困層）で、GDPの16％を占めインド経済の柱でもある。この農業は前述のようにモンスーンという気候条件に大きく依存していることだ。つまり天水農業であり、モンスーンの多寡が農業生産量や、最終的には個人消費

や国家経済を左右している現実がある。

● 2013年は大干ばつ

2013年は過去40年間で最も少ない雨量であった。このため米、サトウキビ、小麦の生産が振るわず、食料価格が15％以上も高騰した。地球温暖化の影響で洪水も増え、多くの水田や畑地が洪水の犠牲になっている。旧式の灌漑設備、農業インフラの未整備、貯水意識の欠如、緑の革命（小麦用に耕地開発）による土地の疲弊などが重なり、天からの雨だけが頼りの悪循環を繰り返し農業生産性が上がらない状態が続いている。

●地下水も枯渇

インド全土では約2千万本の井戸があるが汲み上げ過ぎで地下水位は下がり続けている。特に北インドが深刻であり、それに加え水質汚染が激しくなっている。南部のデカン高原では地下水は豊富だが、井戸掘りのために資金がいる。好調な経済発展の陰で、その場所を動けない農民は、高利貸しから資金を借り「井戸を掘る」、すぐ水が出れば良いが、中には100m掘っても出ない場合、それでも15万ル

ピー（約30万円）の支払いが必要だ。インドではこの10年間（2006-2015年）で約16万人以上の農民が自殺している。井戸掘りの資金、肥料を買うための資金繰りなど借金を苦にした人が多いという。

●インドの農業改革

モディ首相は、農業振興の目標として「水1滴当たりの収量の増大」、「農業技術者の増員」などを掲げている。具体的には、クジャラート州知事時代に、安定的な電力を有料で農家に提供し、灌漑設備を整備。その上で近代的な農業を導入し、同州の農業生産性を向上させた。この成功例をインド全体に普及させようとしている。政府は灌漑事業や、耕地整理を含めた農業開発支援や農村金融、農業指導、ＩＴを活用した農業、農産物の貯蔵設備などに500億ルピー（約1千億円）を割り当てている。

5．ボトルウォーター産業が躍進

インドではボトル水が年間約2,600億円販売され、2020年にはその金額はガソリン販売総額を抜くのではないかと予想されている。過去5年間（2012-2016年）の統計によると市場の伸びは25％で、インド全土ではコカコーラ、ペプシが市場の約4割を押さえ、残りは無数にあるボトル工場で、水が充填され販売されている。インドには1,200以上のボトル水工場があるが、必ずしも衛生的な処理がなされていないという。その原水も汚染された地下水であったり、不法に抜き取った水道水を詰めている例もある。インドのある都市の水道局が漏水箇所を調べていたが、毎晩決まった時間に公園付近で大量の漏水が発生するので検査員が調べに行ったら、タンクローリーに消火栓から水道水を移送中であった、もちろん盗水である。町ではボトル水は水道水より10〜20倍の高値で売られている、正に水商売の極意である。

6．インド経済はトイレ次第

ジャワハルラール・ネール初代首相が、就任演説（1948年8月）の後、取材記者団から「祖国インドが発展する時は？」と聞かれた時「わが国が発展する時は、全世帯にトイレが設置された時だ」と答えている。それから68年経った今（2016年）も、トイレ問題は

遅々として進んでいない。

モディ新首相は、その選挙戦で「寺院よりトイレを」と主張し、さらに2014年8月の就任演説で「500万ヵ所の事務所には100日以内に必ずトイレをつくる」ように命じているが、これは1日5万個のトイレをつくることであり、当然不可能とみられている。仮にできたとしても、糞尿の流れ込む下水道もないのが実態である。

●国民の半分6億人は、家の中にトイレがない

特に子供や婦女子は過酷なトイレ環境に直面している。村落の端にある茂みや窪地が野外トイレであり、早朝や日が暮れてから用を足している。この時が最も危なく、トイレ周辺に群がる若者による集団レイプが横行している。これらの危険を避けるために用を足すのを長時間我慢し、また集団での排便を余儀なくされている。

●トイレのある学校は40%

2012年インド最高裁は、インドの全学校に「6ヵ月以内にトイレの設置と安全な水を用意するように命じたが、遅々として進んでいない。現在（2016年）、校内にトイレが設置されている学校は約40％であり、残りはすべて野外トイレ（空き地や草むら）である。

7．さいごに

アジア諸国の中でGDPを順調に拡大させているインドであるが、走り続けるためには水資源の確保や水管理、さらにトイレ設置が国家としての最優先課題であろう。

国連の援助で建てられた村落の共同トイレ（2015年）
出所：UN Water and Sanitation in India 2015 Report

⑬視点を変えての下水道の国際展開
～下水・食料・エネルギーの三位一体で東南アジアの社会づくりに貢献～

―下水道情報（2016年10月25日発行）―

　下水道は資源の宝庫である。最近「資源とエネルギー、食料」の面から下水道が見直されている。下水道は単なる汚水の処理や雨水の排除だけではない。多面的な視野で俯瞰すると下水道システムは、その地域の水循環の主役であり、さらにバイオマス資源や熱資源が集まった最高の資源循環のインフラシステムである。日本国が抱える大きな課題、例えば地域創生（地域に新産業と雇用の創出）、環太平洋パートナーシップ（TPP）対策としての食料自給率の向上やCOP21／パリ協定の国際公約「温室効果ガスを26％削減」などの課題解決に下水道を役立てようとする試みがなされている。現在（2016年）、日本国内で実証中の多くの試みは最終的には世界、特にアジア諸国の経済発展や生活向上に向けて発信すべき「世界に誇れる日本発の下水道技術」である。しかし勘違いしてはいけない。東南アジア諸国にとり、日本が提案する「浄

水場や下水処理場を含む安全・安心な水環境」ではなく、本当に望んでいるのは「貧困からの脱出のために、すぐに役に立つ有機性肥料や、すぐ使える生活用の電力」なのである。今回は大都市向けの下水道整備ではなく、所得の低い農村部への日本の貢献策を考えてみたい。

1．東南アジア諸国は肥料がほしい

　東南アジア諸国は、急激に経済発展を遂げているが、基本は農業国であり農業生産をいかに高めるかが国家の最大目標（GDPの増大と農村部地域の貧困層の解消）である。例えばカンボジアで同国の産業部門に占める農業の割合は48.1％であり、ラオスは41.1％、ベトナムは26.4％である。

　これらの国はコメが最大の農業収入であり、まずは水資源の確保、農業用水路の整備に多くの国家予算を割いている。問題は化学肥料を買い付ける資金が不足している

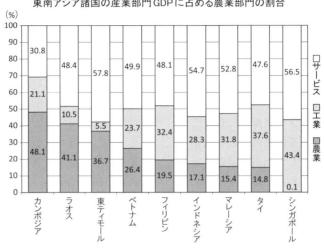

東南アジア諸国の産業部門GDPに占める農業部門の割合

（出典：世界銀行／World Development Indicators 2011）

ことである。主戦場はコメであるが、我々はグラム単価の高い換金作物に狙いをつけたい。具体例を示す。ベトナムやカンボジアでは、今（2016年）世界中に高値で売られている黒コショウを増産しているが、化学肥料を使うと特徴のある風味と味が変化するために有機肥料が望まれている。特に欧米の有名メーカーからは信頼ある有機肥料の使用が要求され、しかも厳しい認証が求められている（ISO/9001/22000、HACCP、GAPなど）。またベトナムでは外貨獲得の優等生カシューナッツは世界第1の出荷額を誇り、さらに最近で

はベトナムコーヒーが急激に市場を伸ばしブラジルに次ぐ、世界第2の出荷量である。現地のコーヒー園では、干し草と牛糞を混ぜ堆肥化し有機肥料として使っているが、臭いや害虫、苗の病気に悩まされているケースが多い。ここでも日本が下水道で取り組んでいる様々な試みが、アジア諸国に貢献できるのである。

2．日本の試み…下水から農業資源の回収

1）下水汚泥から農業資源の回収…自治体の取り組み

　下水汚泥からコンポスト製造は、

過去10年間（2007-2016年）平均で汚泥量220万t／年（DS）のうち、緑農地還元は約11%、その中で純コンポスト化は約2%である。コンポスト技術は古典的であるが、日本のコンポスト・ノウハウの蓄積は十分にアジア諸国に貢献できるものである。また多くの自治体では肥料として高級化路線をとっている。これらの技術も彼らの所得水準の向上に合わせ活用できるだろう。

●神戸市の例（リンの回収）

国交省の「下水道革新的技術実証事業（B-DASH）」で採択され神戸市東灘処理場に設置された実証プラント（神戸市、水ing、三菱商事アグリサービスで推進）では年間8万7,200㎥の下水汚泥を処理し、年間130tのリンを回収するメドが立っている。「神戸再生リン」を活用した配合肥料はJA兵庫六甲で試験販売されている。

●岐阜市の例（リンの回収）

岐阜市では下水汚泥の焼却灰（年間約1千t）から300t/年を「副産リン酸肥料」として回収している（メタウォーター施工）。この肥料は農林水産省の肥料登録を得て「岐阜の大地」として販売されている。

●佐賀市の例（海苔の増収、汚泥肥料化）

佐賀市は「バイオマス産業都市さが」を目指して地域資源の循環にチャレンジしている。

下水処理水には前述の如くリンが多量に含まれているので、冬から春先にかけて放流水中の栄養塩類を増やし海苔の収穫量や品質を高める試みである。佐賀海苔は、全国の海苔生産量の40%を占め、12年間連続で日本一の生産高を誇っている（2014年度、農林水産省統計）。

また下水汚泥を菌体高温発酵（90℃以上）させることにより、汚泥中の雑草の種子や病原菌を死滅させ良質で完熟した肥料を製造している。この下水汚泥肥料に地域の食品工場から発生する有機性副産物を混合し、さらに肥料の品質を高め地域の農家に供給している。佐賀県は北海道に次ぐ全国第2位の玉ねぎの出荷額を誇っている。

２）下水処理水でコメの増産

山形大学農学部（鶴岡市）の渡部徹教授が中心となって進めている下水処理水を使った飼料用稲作栽培の実証試験が鶴岡浄化センターで行われている。この実証試

験に先立ち、同学部キャンパス内で予備試験栽培をしたところ、10a（アール）当たり、収量が最大で約900kg、タンパク質含有量が、今までの栽培に比べ約2倍高いとの結果を得ている。もちろん、重金属除去を行い、バクテリアやウイルスの心配があるので、完全殺菌が必要である。

3）ポリシリカ鉄（PSI）凝集剤の使用で丈夫なコメの栽培

浄水発生土処理で使用されているPSIは、その成分にシリカを含むために、稲にとり根張りと茎が丈夫になり、3毛作の収穫時に襲来するサイクロンなどによる稲のダメージが防げる。東北大学農学部の試験によるとPSIで栽培した秋田県や長野県の水稲栽培で効果があることが認められている。

栄養源の含まれた下水処理水を活用し、さらにPSI凝集剤で処理されたシリカを含んだ肥料

は、彼らにとり最も望ましいことであり、2毛作から3毛作になり現金収入が増える。「コメ増収のために利益を生み出す下水整備が必要だ」と逆解法の考え方で進める必要がある。

ベトナムのコメ生産と作期

栽培期間	作付面積（1,000ha）	単収（T/ha）
冬・春作 11〜4月頃	3,060	6.1
夏・秋作 4〜8月頃	2,108	4.8
ムア作 8〜11月頃	2,021	4.5

出典：Vietnam Rice Industry in 2009

神戸市・リン回収実証プラント【2012年国土交通省B-DASHプロジェクト】
（写真提供：水ing）

3．東南アジア諸国は電力がほしい

1）アジア諸国の遠隔地における電化率と無電化地域人口

アジア諸国の電化率は、都市部は急激に進展しているが、農村部、山岳地域を含めた全国規模になるとこれからである。例えばミャンマーの電化率は26％、カンボジアは24％などで、これからが勝負である。特に農村部においては無電化率が高く仮に電気があっても停電が頻発する地域が多い。ここでも日本の下水道で得られた知見が発揮できる。もちろん、彼らに受け入れられるシンプルで安価な発電装置の開発が急務である。

2）日本国内のメタン発酵による発電事業

日本国内において、固定価格買取制度（FIT制度）により、特に民間主導による発電事業が急速に展開された。2010年以降、民間が主導し建設された発電所は40ヵ所以上に上る。また続々と建設されている。これらのシステムは日本の規格や制度（電源電圧、周波数制御など）に合わせ、高級仕様になっているが、アジア諸国に受け入れられる安価なスペックに変えることで対応できる。

4．東南アジア諸国は、お金になる有機資源の転換技術がほしい

1）亜臨界水処理による資源創出

最近、亜臨界水処理が注目されている。亜臨界水処理を一言でいうと「あらゆる有機物を低分子に切れるハサミであり、その反応条件により完全分解、加水分解、油化、抽出ができる」ことが特徴である。

東南アジア諸国の電化率と無電化地域人口

国	電化率（％）	無電化地域人口（百万人、概数）
ミャンマー	26.0	44.4
カンボジア	24.0	10.6
ラオス	78.0	1.4
インドネシア	73.7	62.4
上記4ヵ国小計	53.8	118.8
フィリピン	89.7	9.5
ベトナム	97.3	2.1
タイ	99.3	0.5
マレーシア	99.4	0.2
ブルネイ	99.7	0.0
シンガポール	100.0	0.0
上記6ヵ国小計	95.6	12.3
合計	73.9	131.1

（出典：A Energy efficiency conference 2012 0731-0802資料）

2）資源化への適応例

　亜臨界水処理を用いた資源化産業モデルとして①未利用の木材資源から家畜の飼料をつくる。②家畜糞尿や食品残渣から高機能の肥料つくり、③亜臨界水処理によるメタン発酵の高効率化による発電モデルなどがある。ユニークな例は白樺チップから和牛のエサづくりである。

5．さいごに

　日本の下水道は先人のたゆまぬ努力により、世界に誇れる生活環境を創り出してきた。今後はその技術やノウハウを世界、特に東南アジア諸国に向けて発信し貢献する時代が来ている。繰り返しになるが、彼らがほしいのは「日本型の下水道」ではなく、「貧困から脱出するために、すぐに役に立つ有機性肥料や、すぐ使える生活用の電力」なのである。お金を生み出し喜ばれる下水道はどうあるべきか、日本の常識に捉われない視点を変えた日本の下水道技術の国際貢献を期待している。

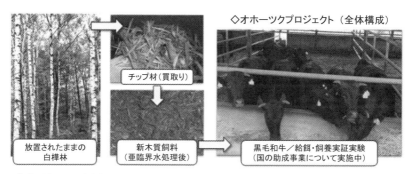

◇オホーツクプロジェクト（全体構成）

チップ材（買取り）

放置されたままの
白樺林

新木質飼料
（亜臨界水処理後）

黒毛和牛／給餌・飼養実証実験
（国の助成事業について実施中）

・事業主体：地元廃棄物処理業者（㈱エースクリーン）
・亜臨界水反応装置（バッチ式）：2㎥圧力容器
　（温度190℃、圧力13気圧、処理時間30分）
・黒毛和牛17頭の飼養実証：2014～2015年（235日間）
・新木質飼料の品質：病原性微生物や有害物なし
　可消化成分TDN＝32%、そのうち繊維分画＝72.5%
・増体重効果：従来飼養法＝0.53kg／日、新木質飼料＝0.58kg／日

木質から飼料への実証事業モデル（北海道・北見市のシラカバ牛）
（資料提供：㈱エースクリーン）

⑭トランプ新政権による米国の　上下水道インフラの行方は？

―下水道情報（2017年1月31日発行）―

2017年1月20日世界中が見守る中、トランプ新政権が誕生した。1年半以上にわたる米国大統領選挙期間中には、多くの候補者が登場しては消え去り、最終的に民主党のヒラリー・クリントン氏と共和党の実業家ドナルド・トランプ氏の一騎打ちとなった。昨年（2016年）11月、世界のマスコミの予想に反しドナルド・トランプ氏が当選した。選挙期間中のスローガンについて多くのマスコミは、詳細にわたり報道し、それらへの期待や懸念、そして脅威について論説を続けている。はっきりしていることは、トランプ新大統領が掲げている「米国第一主義（American First）」であり、その内容も多岐にわたり米国経済の活性化のためなら国際ルール（TPP、WTO、NAFTA、パリ協定など）からの離脱を含め、「なんでもやる」という強い姿勢である。

1．環境・エネルギー政策

環境やエネルギーに関しては、「気候変動は嘘っぱちである」とパリ協定からの離脱をほのめかした。トランプ氏は、このような環境規制は不要で不合理であり、国内経済を弱め、国内失業者を増加させるという視点から、厳しすぎる環境規制は米国の国益に反すると強調している。さらにこのような環境評価をしている国連の国際機関には、米国からの研究拠出金を減らすとまで明言している。同時に米国内の環境規制機関、例えば米国環境保護庁（EPA）の予算も人も減らせ！　とキャンペーンを張っている。エネルギー開発では、石油、シェールガス、石炭の国内生産の増強、さらに幹線パイプライン（カナダからテキサス州まで）の建設推進を唱えている。その根底は環境よりも米国第一主義の根幹となる経済効率性のあくなき追求のスタンスである。

多くの読者は、気候変動に対するパリ協定から離脱しようとする

トランプ政権の立場は、今までの物的証拠の積み上げ、科学的な合意や専門家の意見にすべて逆行していると指摘できるであろう。このような環境問題だけではなく、キャンペーン中に掲げた過激な主張を持ち続け、トランプ新政権は強行突破するのか、誰もその行方を予測できない、正にNO WAY！（とんでもない！）という「トランプ占い」の様相を呈するだろう。国内においても当然、民主党が主体の州と連邦政府との対立が予想され、最後は連邦最高裁にまで判断を委ねられるケースが激増するともみられている。

2．水インフラ・大統領選挙期間中のキャンペーン

　水インフラに関しての選挙期間中のスローガンは少ない。水道インフラについてはミシガン州フリント市の鉛汚染問題（2016年1月、市民10万人から高濃度の鉛検出）に触れ、「水道は国民の命に直結する問題だ、新政権発足後すぐに水道インフラの整備に取り組みたい」と述べ、またハリケーンなどでの洪水被害（2016年、19件の大規模洪水被害額3兆円超）を受

けたテキサス州やフロリダ州での演説では「自然災害に負けない強靭な国土をつくる」ことを約束する、このためにはヒラリー・クリントン候補が提唱した5千億ドル投資の2倍の約1兆ドル（120兆円—10年間）をインフラ整備（道路、水道、鉄道、港湾、空港、通信など）に費やすと力説した。しかし、それ以上の詳細内容や予算内訳は、一切述べられていない。

3．米国内の水道インフラの現状と課題

　基本として、日本との比較を述べてみよう。国土面積は日本の約25倍、人口は日本の2.55倍（3億2,400万人、2016年）、しかし人口密度は日本の1／10である。米国の水道事業は公営が85％、民間経営が15％である。公営の水道事業体数は約2万4千であり、地方自治体や水道委員会（Water Authority）が運営している。また米国の水道は5万1,498浄水システムで構成されている。浄水システムの数が多い州、テキサス州は5,157、カリフォルニア州3,103、ニューヨーク州は2,729である。水源別では河川水に頼っている給水人口は全体

上水道インフラの日米比較

項　目	米　国	日　本	比率（米国／日本）
公共による給水人口	約3億人	1億2420万人	2.41倍
給水量	約400億m³／年	160億m³／年	2.5倍
公共による水道企業体数	約24,000	約1,400	17.1倍
公共による水道システム数	約51,500（2010年）	5,434（2009年）	9.48倍
漏水率	平均14%	平均7%	2倍
水道管総延長	288万km	66万km	4.36倍
水道管破裂による道路陥没事故数	約240,000件（2010年）	25,000件（2013年）	9.6倍

各種資料（AWWA、EPA、JWWAなど）を参考にGWJ作成

の約70%、地下水に頼っているのは約30%である。

●老朽化に直面している上下水道配管網

　上下水道インフラについては水道配管の総延長は約180万マイル、下水道管の総延長は約120万マイルであり、約1万6千ヵ所の下水処理場で構成されている。米国水道協会（AWWA）の調査によると1800年代後半から大都市で鋳鉄管が使われ、古い配管は120年を超えている。全米では1920年以降、急速に水道管（耐久年数75年）が布設されたが、それらも既に90年を経過しており、漏水事故が頻発している。漏水個所は年間24万ヵ所であり、漏水により26億ドルの利益が失われている。日本と比較すると漏水率は2倍、水道管破損による道路陥没事故は9.6倍であり深刻な老朽化が進行している。

　AWWAは安全・安心な水道施設を保全するためには、今後25年間で1兆ドル（120兆円）必要と報告している。またEPAは米国の上下水道インフラを守るためには、今後20年間で6千億ドル（72兆円）必要であると述べ、特に水道管路の老朽化対策には2030年までに3,840億ドル（46兆円）必要であると報告している。また下水道管の老朽化対策には今後5年間で2,710億ドル（32.5兆円）が必要と

米国・水道経年管の割合

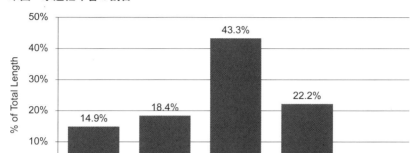

出所：Water Main Break Rates in the USA and Canada：A Comprehensive Study（April 2012 Utah State University Buried Structures Laboratory | Steven Folkman, Ph.D., P.E.）

2035年までの水道配管取り換え費用推計　約1兆ドル必要

単位：百万ドル

地域別	水道管の取り換え	増加費用	合計
北東部	92,218	16,525	108,744
中西部	146,997	25,222	172,219
南　部	204,357	302,782	507,139
西　部	82,866	153,756	236,622
合　計	526,438	498,285	1,024,724

出所：AWWA 2012 Report

述べている。AWWA、EPAいずれの報告書でも、上下水道インフラの整備には今後1兆ドル以上必要であり、これはトランプ政権が現在（2017年）掲げているインフラ全体への投資額1兆ドルを超えている数値である。

4．トランプ政権移行チームの構想

政権移行チームの主要メンバーであるスティーブン・ムニューチン氏は新政権による「インフラ銀

行」の設立も視野に入れ道路、水道、港湾の資金調達方針を探ることを提案している。これはヒラリー・クリントン氏が提唱していた構想である。トランプ氏は、選挙期間中は民間企業の力でインフラ向け資金調達ができると主張、具体的にはプロジェクトに参加する企業に最大で総額1,400億ドル（16.8兆円）の税額控除を認め、その不足分は労働者の所得税とプロジェクトに参加しない企業の法人税で埋め合わせできると説明していたが、民間企業と投資家が、このようなインフラプロジェクトに投資するインセンティブが見いだせない場合の代案とみられている。

5．米国の水インフラ投資に求められる日本企業の戦略

基本的には「バイ・アメリカン政策」であり、米国内企業が優先受注（システム、資材）できる環境であり、米国の関連会社や子会社などを通じての売り込みが必須であろう。インフラの新設案件は米国の大企業が優位であり、老朽化したインフラの更新・補修案件（市場規模約50兆円／10年）に日本企業の生きる道が残されている。

日本には上下水道インフラの老朽化に対応する先端的なノウハウや技術、施工経験が豊富であり、日系企業による米国内関連企業のサービス人員の強化やメンテナンス拠点の拡充が決め手になるだろう。IT・AI化による予防保全への対応力も加勢になる。漏水対策技術や下水道管の更生技術、西海岸においては耐震化ビジネスが当面の狙い目である。特記できるのは配管工事の際、断水が当たり前の米国では、日本の誇る不断水工法が高い評価を受けている。これも大きなセールスポイントになるだろう。

●**最後に…揺れ動くトランプ新政権**

今後の政権運営には閣僚の人事承認、大統領命令と既存の法体系との齟齬の調整や連邦議会の承認事項など多くの課題が残されている。トランプ新大統領は、基本的には不動産王であり、優れたマーケッターである。人々が注目していない土地や物件に目をつけ、将来の発展性や利益の夢を大きく語り投資家に物件を高く売ることで資産を築いてきた天才ビジネスマンである。このマーケット手法で白人層や低所得者層の不平・不満を取り上げ、過激な発言で注目を

集め、さらにその反応を見て、マスコミの手を借りないで自らのツイッターで情報発信（常に２千万人以上のフォロワー数）し、次の一手を考え訴える直感主義で大統領まで登り詰めたのである。彼のNY五番街のトランプタワー・オフィスには、大きな鏡があり、常に「他人にどう見られているか」をチェックしている。同時に「機を見るに敏」な特異性格である。トランプ氏は勝利宣言の中で「米国の成長を２倍に、また世界で最も強い国家経済をつくり出す」さらに「常に米国の利益を最優先するが、良好な関係を持ちたい国とはすぐにパートナーシップを組み、公正に対応する」とも述べている。政権移行後のスタッフによる冷静な判断と、トランプ新大統領が

主張する大胆な政策大転換方針とが正面からぶつかり合い、今後どのような変革がなされるのか世界中が注目している。

ニューヨーク五番街にそびえ立つトランプタワー（写真：PIXTA）

⓯イラン・イスラム共和国の
エネルギー大臣に単独インタビュー

―下水道情報（2017年2月28日発行）―

　イラン・イスラム国（以下イラン）はいうまでもなく、世界有数の産油・天然ガス大国であり豊富な地下資源を有しているが、長年にわたる経済制裁の影響で石油・ガス関連産業は低迷を続けていた。2016年1月の経済制裁解除で増産を開始し国際石油・ガス市場への本格的な復帰を目指している。今回は2016年11月、来日中の同国、ハミッド・チットチアン・エネルギー大臣と単独でインタビューの機会を得たので、今後のイランのエネルギー政策およびエネルギー省の所管である水資源問題について聞いた。

1．経済成長を目指すイラン

　経済制裁解除を受け、同国のアリー・タイエブニア経済財務相は「2016年は8％の経済成長を目指す」と宣言し、エネルギー（石油、ガス、再生エネルギー）、鉱業、インフラ整備（道路、鉄道、橋梁、港湾、空港など）、輸送（自動車、

鉄道車両、公共交通）、環境（水、大気、土壌）などのプロジェクト分野の開拓に外資を導入すると発表し、ハッサン・ローハニ大統領とともに「第6次5ヵ年計画」遂行のため、関係する各国との外交や世界を代表する企業群と積極的に交渉を繰り広げている。イラン市場は最後のフロンティア市場とみられ、7,800万人の国内市場のほか、地政学的にもアジア、アフリカ、中東、欧州へのハブに位置するために世界各国がイラン市場獲得にしのぎを削っている。

　今のところ、自動車やハイエンド製品（半導体、医薬品、メディカル機器など）分野ではドイツが一歩リードしている。また同国の輸出入額とも第1位の中国は、イラン在住中国人約2万人を核に、あらゆる分野でのビジネス機会を狙っている。

2．イランの石油・ガス確認埋蔵
量と生産性

原油の確認埋蔵量は1,570億バレル（2014年1月現在）であり、ベネズエラ、サウジアラビア、カナダに次いで世界第4位である。これは世界の総原油埋蔵量の約10％に当たり、石油輸出国機構（OPEC）加盟国の合計埋蔵量の約13％を占める。また天然ガスの確認埋蔵量は33兆7,600億㎥であり世界第2位である。

●現状の課題

同国はイラン革命（1979年）、イラン・イラク戦争（1980～1988年）、米国を主体とする経済制裁（1979～2016年）と長きにわたる"困難"を自前の技術開発の努力により克服してきた。しかし石油業界のグローバル標準からみると、その技術は旧式で陳腐化し、低効率であると評されている。つまり豊富なエネルギー資源を保有しながら、低い生産性に甘んじている。外貨獲得の手段として液化天然ガス（LNG）基地の建設計画もあるが進展していない。

●エネルギー大臣の発言…エネルギーについて

石油・ガスの採掘は石油大臣の所管であるがエネルギーと密接な関係があるので、特にエネルギー源となる石油精製能力の増強と天然ガスの需要促進（ガス・パイプラインの活用）に注力している。例えばイスファハン製油所とバンダルアッパース製油所のガソリン製造能力増強などがある。エネルギー省の最大の課題は電力供給量の強化と需要管理（デマンドマネージメント）である。老朽化した発電設備の更新や効率化のために最新の技術を導入する必要がある。また国家として2030年までに再生可能エネルギー（ソーラー、風力、水力、バイオマス、地熱など）を7,500万MWに増強する。加えて地域分散型・発電設備（天然ガスの活用）も計画している。これらを実現するために海外からの資本や技術導入を積極的に受け入れたい。日本には優れた技術・製

ハミッド・チットチアン・エネルギー大臣と筆者（2016年11月　東京都内にて）

品があるので前向きに参画してほしいと語った。

● イランの水問題

同国の水資源の総量や地下水の問題を含め、水危機となっている要因を簡単にまとめると以下のとおりである。

① 急激な人口増加による水需要の増大。1950年の1,700万人が2010年に7,900万人と4.6倍になった。

② 気候変動（地球温暖化）による水の蒸散の増加、蒸散量は18％増加している。

③ 地下水使用量の増大。手動汲み上げ式ポンプから電動水中ポンプの使用で3.4倍の水使用増大。

④ 同国最大河川ザーヤンデ川の断流、水量の低下、汚染水の流入、塩水化が進行している。このザーヤンデ川はザグロス山脈を水源とし、イスファハン州を南北に分けながら横断し、ガブフーニー湖に入り最後は砂漠へと消える全長420kmの内陸河川である。

⑤ 老朽化した水インフラで漏水が多発

筆者は2015年11月、国際連合教育科学文化機関（UNESCO）－イラン政府共催の水ワークショップ（テヘランで開催）で講演したが、水関係者の中で一致した話題は「地球温暖化の影響でカスピ海とテヘランとの間のアルボルズ山脈（東西約千km、最高峰は5,670m）の積雪が激減」しており、今後積雪による雪解け水が期待できないことであった。

● 上下水道普及率

UNICEFやWHOの調査では、都市部の水道普及率は96％（2011年）であるが、英国のGWIの調査では全国の水道普及率は20.6％、下水道は22.8％（2012年）という数字が示されているが公式の発表はない。

● 同国第6次5ヵ年計画（2016～2021年）…水分野予算

水不足解消のために水を管轄す

イラン地図

るエネルギー省への予算措置は今後、約76兆リアル（約2,400億円）が海水淡水化による造水、排水再利用、水資源保護に使われる見通しである。

● 日本の支援

2014年5月、日本政府はオルミエ湖

枯れたザーヤンデ川（2008年）川床が歩行者通路に

（中東最大の塩水湖、流域には640万人居住）再生のためにUNDPを通じた支援を行っている。①オルミエ湖の統合水資源管理プロジェクトの実施、②長期専門家派遣によるオルミエ湖の水政策分野への助言、③節水型農業の開発・普及、④水に関するワークショップやセミナーの提供などである。

● エネルギー大臣の発言…水問題解決

イラン国内はセミドライ、いわば干ばつに直面している。まずは水資源の確保であり、特に水資源の90％を使用する農業の灌漑マネージメントが急がれている。節水農業（ドリップ方式など）や温室栽培に力を入れたい。流域の水マネージメント（ザーヤンデ川など）や地下水の管理（カナートの整備、地下水位のモニタリング）、工業・産業用水の再利用促進も重要な課題である。海水淡水化の新設、都市問題では安全な飲料水の確保、節水機器の普及に力を入れる。また違法な農業井戸がたくさんあるので、ライセンスを厳しく制限する方向である。日本には世界に誇れる水管理・水処理技術があると聞いているので積極的にイラン市場に参入してほしい。日本とイランとはペルシア時代から長い付き合いがある。具体的には双方でワークショップの開催、政府と民間が手を携えてテヘランに来ることを期待していると語った。

16 米・カリフォルニア州の水インフラ問題
～大干ばつからダム決壊・洪水まで～

―下水道情報（2017年3月28日発行）―

　カリフォルニアは元々、水資源が不足している州である。2000年以降、気温の高い年が続き、水資源の源となっているシェラネバタ山脈の積雪が急減した。特にこの4、5年（2013-2017年）は記録的な干ばつが続き甚大な農業被害はもちろん、大規模な山火事が頻発し生命財産まで奪われる危険な状態に直面していた。ところが2月初めから大雨に見舞われ、同州北部に位置する全米最大の高さの堤を持つ「オロビル・ダム」が決壊する恐れがあり、19万人に緊急避難勧告が出された。また世界的なIT企業が密集するシリコンバレーで堤防が決壊し100万人に避難命令が出た。大干ばつからダム決壊騒ぎ、堤防決壊まで、いったい同州で何が起きているのか。

1．オロビル・ダムの決壊の恐れ

　（2017年）2月初めから降り続いていた大雨により、州都サクラメントから100kmほど北に位置する全米で最も高い堤（235m）を持つオロビル・ダムが決壊する恐れがあり、2月13日ジェリー・ブラウン知事は「非常事態」を宣言し、オロビル市民1万6千人を含む、流域（コバ郡、ビュート郡、サッター郡）住民の19万人に被害が及ぶとし「緊急避難勧告」を発令した。緊急放流が続く中、さらに常用排水路に大きな穴が見つかり、このままでは常用および緊急排水路が崩壊しダム本体が崩壊する恐れがあることが矢継ぎ早に報じられた。

　実は1968年にダムが完成してから初めて、この常用排水路が使用された。なぜなら今までダムが満水になることはなかったからである。だが雨と雪解けの水は急速なペースでダム湖に流入し、水位が急上昇したのだ。同時にオロビル・ダムの致命的な欠陥が報じられた。この米国最大のオロビル・ダムはロックフィールダム（岩石や土砂を積み上げ、粘土などで中心部に

遮水層をつくったダム）であり、以前から常用排水路が老朽化により陥没していたが、財政難もあり修復されず放置されていたのだ。そんな状況の中で、今回（2017年2月）の大雨による融雪水もあり、築50年以上のダムが耐え切れなくなってきた。14日以降、排水路の崩壊の危険性を承知の上で毎秒10万立法フィート（2,800㎥/秒）の放流を続け、ダム決壊を免れている。3月1日現在でダムの非常水位より60フィート（約18m）低下しダム決壊は免れたが、依然としてダム湖に毎日2万立法フィート（560㎥/秒）の流入が続いており、今後の気象条件により予断を許さない状況である。

オロビル・ダム（米国カリフォルニア州）
（出所：「California Department of Water Resources」
http://www.water.ca.gov/swp/facilities/Oroville/LakeDam.cfm）

破壊された排水路（常用排水吐）
（2017年2月27日、出所：同上）

〈ダム概要〉
・建設開始：1961年
・ダム完成：1968年
・堤高：235m

・堤頂長：2,109m
・型式：ロックフィール型
・ダム容量：59,344,000㎥

２．シリコンバレーで大洪水

　２月22日、同州、IT企業の本拠地といわれるシリコンバレーを流れるコヨーテ川の堤防が決壊し、人口約100万人を抱えるサンノゼ拡大地区に避難命令が出された。地元当局によると上流の貯水池の氾濫で川の水位が上がっていたところに、数日にわたる豪雨で堤防が決壊した。このような洪水被害は過去100年で最悪の規模であった。同地区は世界に冠たるGoogle, Yahoo, Dell, Intel, Oracle, Cisco, FacebookなどのIT企業がズラリと軒を並べている。筆者も半導体関係の仕事で、この地区に１年くらい通ったが大雨に遭ったことは一度もなかった。毎日が青空だったと記憶している。サンノゼ当局は２月27日、今回（2017年２月）の洪水被害額は7,300万ドル（約84億円）と発表し、被害地区の緊急洪水対策費として議会に2,200万ドル（約25.3億円）を要求したことを明らかにした。

　実はサンノゼ当局は1995年の洪水を機に、総額５億ドルの「100年洪水対策プラン」を議会に提出していたが、財政難と被害確率「100年に一度の洪水に備える」に「緊急性がない」とのことで否決されていた。

　オロビル・ダムの排水路の陥没やコヨーテ川の堤防・破堤など老朽化による危険性を指摘されていたが、財政難や議会の認識不足により引き起こされた水災害ともいえよう。気候変動による水災害が世界で頻発している。カリフォルニアの水災害を他山の石として、日本も水インフラの強靭化に取り組まなくてはならない。

３．カリフォルニア州の水資源

シリコンバレー大洪水　サンノゼ市内での救助活動

同州の気候は緯度、標高により大きく異なり亜寒帯気候から砂漠気候、地中海気候と様々である。長い海岸線に沿い年間雨量は380〜1,250mmと大きな差がある。

しかし、同州の2013年の年間降雨量は約180mmしかなく、年平均降水量約560mmの1／3以下であった。このため多くの井戸は干上がり、貯水池の貯水率も30％を割っていた。

米国の農務省の調べでは、シェラネバタ（スペイン語で雪の山）山脈の2011年積雪量は平年の171％であったが、2012年は52％、2013年は42％、2014年は過去最低水準の25％まで落ち込んでいる。降水量の少ない同州では雪解け水による地下水が生活を支えてきた。ゴールドラッシュ（1849年）以降、過去150年間は、この地下水が命であったが、近年では帯水層の水位が100フィート（約30m）以上も低下している。さらに南カリフォルニアの重要な水源はコロラド川からの水供給であったが、2000年代に入り、流域貯水量は最大値の37％まで減少している。目に見える積雪量や河川水の減少、さらに地下水の減少が続き、危機的な状況になっている。特に地下水の回復には数十年や数百年かかることは水利学の常識であり急激な水資源の回復は望めそうにない。

同州では干ばつ対策と将来の水資源を確保するために下水処理水の再利用や海水淡水化プロジェクトが展開されている。

4．緊急干ばつ対策

同州は過去に何度も干ばつに見舞われているが、この4、5（2013-2017年）年の干ばつは記録的であり、人々の生活や農業に大きな影響を与えている。ジェリー・ブラウン同州知事は2014年に「都市部の水使用量を平均25％削減する」と緊急干ばつ対策案を議会に提案し承認を得ている。それに従いサクラメント市やフォルサム市は「すべての住民と事業者に20％節水義務付け」をし、特に「芝生への水やり」の許可時間と曜日（週2日）を定め、違反者には最高1千ドルの罰金を科している。しかし翌年（2015年）も干ばつが続き、米国人が自慢する「青々とした庭の芝生」が黄色く枯れてしまい、その対策として「芝生用の緑のスプレー」がバカ売れしている。米国

91

人にとって芝生の広さと青さがステータスである。

5．恒久的な水資源の確保…下水処理水の再利用

米国の下水処理水の再利用について、カリフォルニア大学デービス校・浅野孝名誉教授によると、米国には1万6,400ヵ所の公共下水処理場があり、1億5,500万㎥/日の下水処理水を排出している。これに対し約1,500ヵ所の水再生利用施設があり、都市排水の6％（1千万㎥/日）が2005年に利用され年間15％増加している。その再利用施設の約90％をカリフォルニア、アリゾナ、フロリダ、テキサスの4州で占めている、中でもカリフォルニアがリーダー格であると報告している。

リーダー格のカリフォルニア水管理当局のレポート（SWRCB & DWR（2012））によると同州では100年前から下水処理水の利用を開始し、1950年までに36ヵ所で農業用水として使われてきた。1970年には17万5千エーカーフィート（AF）（約2億1,578万㎥/年、AF=約1,233㎥換算）、2010年では67万AF（約8億2,611万㎥/年）の再生

水が利用されている。

同州では壊滅的な干ばつ対策としてさらなる下水処理水の再利用が推進されている。例えばオレンジ郡では下水処理水を地下の帯水層に注入し、1日当たり7千万ガロン（約26万t）を再利用している。この処理水は精密ろ過処理、逆浸透膜処理、さらに促進酸化法により高度処理がなされ15マイル離れた浸透用地域にポンプ輸送されている。地下帯水層に注入された処理水は、その後、飲料用水を含む淡水資源として利用されている。

ロサンゼルスでも2000年に下水処理水プラントを完成させたが、飲料水への適用は市民の反対により凍結されている。下水再生水の農業用水利用、塩水化の防止用水、さらに環境修景用水はお馴染みであるが、変わりダネは地熱発電用水である。

同州サンフランシスコの160km北部にあるガイザース地熱発電所（23ユニット、総合発電設備容量1,548MW）では蒸気用の水源としてサンタ・ローザ市（人口17万2千人）の下水処理水を活用している。このプロジェクトは1995年か

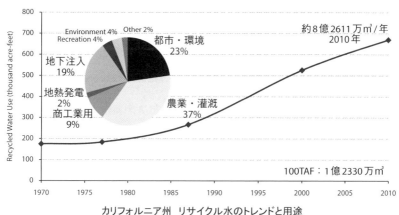

カリフォルニア州　リサイクル水のトレンドと用途
（出所：SWRCB and DWR（2012））

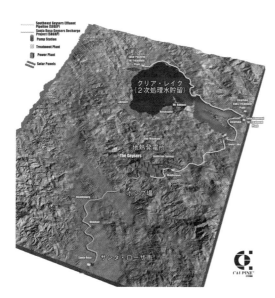

ガイザース地熱発電向け下水処理水注入プロジェクト
（出所：http://www.geysers.com/water.aspx）

ら始まり、69マイルの配管で上部のクリア・レイクの水源地に約2.5万㎥/日の下水の2次処理水を送水し、さらに2003年から3次処理された下水処理水を約3万㎥/日、40マイルの配管網で地熱周辺井戸に注入し、地熱発電用蒸気発生の安定化を図っている。もちろん「世界最大級の下水処理水から地熱電力創出」のプログラムである。

日本は世界第3位の地熱大国であり、将来はこのような活用も期待されるであろう。

93

⓱南米ペルーの水事情
～アンデス山脈に頼る水資源～

― 下水道情報（2017年5月23日発行）―

　南米ペルーというと、インカ帝国を思い浮かべる人も多いだろう、16世紀までは世界で最大級の帝国であった。空中都市「マチュ・ピチュ遺跡（標高2,430ｍ）」は世界7不思議の1つとして知られている。急峻な崖の上につくられた空中都市、5～10ｔもある巨石をどうやって運び上げたのか、また水の確保はどうしていたのだろうか、興味のあるインカ帝国の遺跡である。ペルーの海岸地帯は乾燥した砂漠地帯で、1年中一度も雨の降らない年もあったが、近年はエル・ニーニョ現象の襲来で劇的に様変わりしている。エル・ニーニョは10～15年の周期でペルーを襲っている。2017年は、その当たり年である。今年（2017年）の1月から降り続いた豪雨は、大きな洪水被害をもたらしている。ペルー政府の発表（3月末時点）では洪水被災者は約10万人、洪水の影響を受けた人々は63万人に及び、489の橋が倒壊、大きな経済的な損失が報告されている。

1．ペルーの国土と水資源

　人口は3,138万人（2015年）、国土面積は約129万㎢（日本の約3.4倍）で南北に長い国である。その国土は3つの地形に分けられる。砂漠が広がる沿岸部のコスタ（海岸砂漠地帯、国土の12％）、アンデス山脈が連なるシエラ（山岳地帯、国土の約28％）、アマゾン流域のセルバ（森林ジャングル地帯、国土の約60％）である。さらに細長い国なのでコスタとシエラでは北部、中部、南部と地域性の違いが明らかである。気候としては基本的には熱帯であるが、標高の差や南北の差により各地域で大きな違いがある。コスタは太平洋から標高500ｍまでの地点を指し、長さ3千km、幅50～150kmの狭い地域に国民の半数以上が暮らしている。

●少なすぎる水資源

PERU

SELVA

SIERRA

COSTA

○ トルヒーヨ

● ワラス

● リマ

マチュピチュ ●

プエルト
マルドナード

● クスコ

● ナスカ

チチカカ湖

　　コスタ（海岸・砂漠地帯）

　　シエラ（アンデス山岳地帯）

　　セルバ（ジャングル地帯）

ペルーの地理

　首都リマは海岸砂漠地帯で、こ
のエリアにはペルー人口の半分以
上が住んでいる。砂漠であるがフ
ンボルト海流の影響で緯度の割に
は過ごしやすい。年間平均気温は
20℃前後で、年間降水量は13～
30mmである。あまりにも雨が降ら
ないので現地では"チャラ"と呼
ばれている。しかし灌漑を行えば
通年で農耕が可能な地域である。
古代ペルー人は、日干しレンガで
神殿をつくるとともに水路と貯水

池を組み合わせ、水
供給を完備した都市
国家を建設した。イ
ンカ帝国が短期間の
うちに南米で広大な
領土を築き上げるこ
とができた理由は完
全なる「水の統治」で
あった。海沿いの多
くの集落は今でも、
古代に建設された水
路や貯水池を修復し
たものに頼って生活
している。

●アンデス山脈に依
存する水資源

　国土を南北に貫い
ているのがアンデス山脈であり、
最高峰はアスカラン山（6,778m）
である。アンデス山脈を越えた東
側は気候が一変する。アマゾン熱
帯雨林地域で、原生林に覆われ雨
が多く蒸し暑い、乾季の気温は
40℃を超えることもあるが、雨季
にはまとまった雨が降り高温多湿
となる。このアンデス山脈から多
くの川が南北に流れており、西に
流れる川はコスタの砂漠を潤して
いる。アマゾンの源流もアンデス

山脈にあり、アマゾン川はペルー最大の河川である。北部を流れるプトゥマヨ川はペルーとコロンビアの国境線を形成している。またチチカカ湖はペルーとボリビアの国境に位置している。このようにペルーの水資源はすべてアンデス山脈に依存している。

●多すぎる水資源

いうまでもなくエル・ニーニョ現象である。今回（2017年1月）の大洪水を引き起こした「沿岸部エル・ニーニョ」は通常より平均3～6℃上昇している海水温度の影響を受け、異常な勢力を保ち、強い降雨を発生させ、川の氾濫、土砂崩れなどを引き起こしている。

ペルー北西部に降り続いた豪雨で、各地で洪水や土砂災害が発生
（提供：ペルー大統領府　Presidencia Perú）

ペルーにおける上下水道、下水処理施設の人口別普及率（2007年）

地　域	上水道	下水道（管路）	下水処理施設
都市部	82%	73%	24%
農村部	62%	33%	データなし
合　計	77%	62%	24%

出所：ペルー国家建設衛生局（VMCS）

特にペルーの重要な農村地帯であるビウラ地区の川が氾濫（氾濫水量は3,200㎥/秒）となり歴史上の最高値となった。農業被害は、3月末現在で6千ha、6,200万米ドルの損失が報告されている。また首都リマでは市内のリマック川が氾濫し、約7万世帯が家を失い、大統領府の近くまで浸水する被害が出ている。

2．上下水道の普及状況

　国内レベルでの普及率は未だ低く、深刻な問題である。統計の数字が少ないのが難点であるが2007年における上水道の人口別普及率は77％、一方下水道の普及率は62％である。都市部と農村部での普及率に大きな隔たりがある。これは都市部では上下水道企業体（EPS）が上下水道サービスを提供しているが、農村部では各コミュニティベースの組織に委ねられていることが要因である。国内最大のEPSはリマ上下水道企業体（SEDAPAL）であり、総人口の約3割にサービスを提供している。

　農村部においてのもう1つの問題点は下水処理であり、下水の大部分は何の処理も施されず放流され水質汚染を引き起こしている。イカ州のように下水道普及率が高い州が存在する一方、パスコ州、ロレト州、アプリマク州のように普及率0％の州も存在する。

●便座のないトイレ

　多くの観光客が訪れるペルー、公共施設のトイレは洋式の水洗トイレだが、驚くのは便座がついていないトイレが多いことである。元々は便座がついていたトイレでも盗まれてしまっている、また最初から便座の取り付けがないトイレも多い。ではどうやって用を足すのか、陶器に直接お尻をのせるのか、子供なら便器の中にはまるのでは？　またトイレットペーパーがついていないトイレも多いので、ポケットティッシュを持ち歩くことが必須である。さらにトイレの注意書きには「トイレットペーパーを便器内に流さないように」とあり、備え付けのごみ箱に捨てるように書かれている。日本と大きく異なるトイレ事情に蘊蓄（ウンチク）を傾け、用を足すことになるだろう。

　トイレはスペイン語では"SERVICIO"セルビシオ、しかしサービ

スは期待できない。

3．巨大な富をもたらした海鳥のフン

　ペルー西海岸の海は水温が低く
栄養分に富み、幾千年もの昔か
ら、カタクチイワシやマイワシな
ど海鳥の餌を供給してきた。この
地域では雨がほとんど降らないた
めに、沿岸の島々には長年の間に
海鳥のフンが堆積し、30m以上の
高さになったところもある。これ
が世界に誇る優れた天然肥料グア
ノ（リン鉱石）で、19世紀後半か
ら世界中に輸出されペルーに巨大
な富をもたらした。しかし採り過

ぎてグアノ肥料は枯渇し、また世
界市場では化学肥料に取って代わ
られた。

4．ペルーと日本との関係

　中南米で最初にわが国と外交関
係を樹立したのがペルー共和国で
あり、140周年を迎えている。現
在約10万人の日系人が在住し、彼
らはペルー社会において顕著な活
躍をしている。第91代フジモリ大
統領（在任期間1990年から10年
間）もその1人である。近年は鉱物
資源や内需の拡大により安定した
経済成長が見込まれているが、依

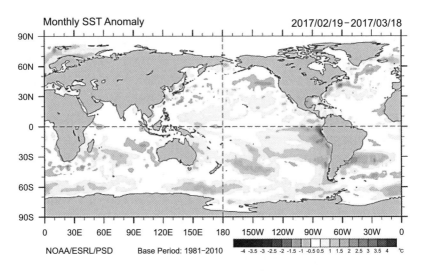

南米の海面水温の偏差図℃（2017年2/19-3/18）

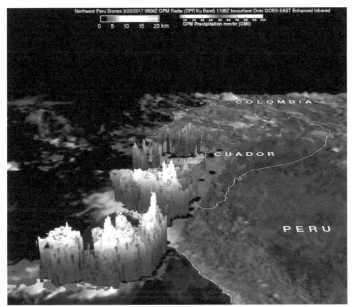

NASA／ペルー上空の雨量観測衛星・立体画像（3月20日）
（Credits：NASA／JAXA, Hal Pierce）

　然として貧富の差が大きく、国民の約3割は貧困層に属している。特に山岳地域やアマゾン地域において貧困層の割合が高く、都市インフラ（電力、上下水道、ごみ処理、灌漑など）の整備不足が重要な課題として残されている。日本政府は重点項目として①社会インフラの整備と格差是正、②環境対策、③防災対策として2008〜2012年までの5年間、ODAとして円借款4,245億円、無償資金協力659億円、技術協力として515億円を援助している。水に関する円借款項目ではイキトス下水道整備計画、リマ首都圏北部上下水道最適化計画（第1期、第2期）、リマ首都圏南部下水道整備事業では1996年から円借款約126億円にて下水処理場の建設・拡張（建設2ヵ所、拡張1ヵ所）および下水函渠の建設にて下水処理能力（3.0㎥／秒）を整備している。さらにアマゾン地区給水・衛生計画が実施されている。

⑱石油王国サウジアラビアの水環境と水ビジネス

—下水道情報（2017年6月20日発行）—

2016年4月にサウジアラビア・サルマン国王が46年ぶりに来日し、安倍晋三首相と会談し両国の経済協力を軸とした「日・サウジ・ビジョン2030」に合意した。このビジョンに織り込まれた主な協力案件は①競争力のある産業構築・育成（新規製造業）、②エネルギー問題（省エネ、再生エネルギー推進）、③質の高いインフラ整備（海水淡水化の増強、効率化）、④経済特区による両国のビジネス促進などである。なぜ世界一の産油国サウジアラビア（以下サウジ）の王様が自らビジネス開拓に乗り出したのか。その背景と水資源の開発現状について述べる。

1．石油立国に危機感

サウジは国家財政収入の8割以上を原油および石油関連製品の輸出に頼っていたが、米国のシェールガス・オイルなどの台頭で原油価格が下落。その結果国家財政は3年連続で赤字に陥っている（2017年は6兆円の財政赤字となる見込み）。サウジを含む湾岸協力会議（GCC）諸国は「アラブの春」以来の経済発展に伴ってアジア諸国（インド、パキスタン、フィリピンなど）やエジプトなど所得水準の低い諸国から多数の出稼ぎ労働者を受け入れてきた。この結果、カタールやUAEでは人口の8割を外国人が占める特異な社会構造になった。一方、医療水準が上がった結果、乳児死亡率も低下し自国民人口の急増も続いている。

●サウジ国民人口の急増

サウジの例では、81年国民人口は約980万人だったが91年に約1,600万人、さらに2014年には3千万人を突破している。サウジは出稼ぎ労働者の入国に厳しい制限を加えていたので、居住人口の2／3は自国民である。サウジで働く自国民の6割以上は国営企業や公的部門に就職している。しかし80年代からの人口急増で国営企業や役所の席は、既に満杯である。

しかも同国では人口の半数近くは25歳未満であり、当然若者の就職先がほとんどない状態である。

サウジ人は基本的にプライドが高く、役所や国営企業に職を求めたがり、しかも人を動かす管理職狙いである。さらに顧客に頭を下げたり、現場で汗を流したりする仕事を嫌う文化もある。

●若者の3～4割は職なし

民間企業のオーナー（サウジ人）にしてみれば出稼ぎ労働者より賃金が高く、しかも仕事をしない自国民を雇う必要がない。その結果サウジの若者のおよそ3～4割は職についていないといわれている。しかし彼らは生活には困っていない。GCC諸国では基本的に個人の所得税はなく、いくら家族が多くても教育費や医療費は無料、ガソリン代、水道や電気代なども多額の政府補助金により極めて低く抑えられてきた（ガソリン18円/ℓ、水道3.0円/㎥、電気6円/kWh、2015年）。GCC諸国は極端にいえば職がなくとも生活ができる国なのである。だが石油の価格の急落で国家が国民の生活を丸抱えできるような体制は崩壊寸前となってきたのだ。

●石油王国から産業立国へ

このような背景からサルマン国王、自ら「サウジ・ビジョン2030」を掲げ石油王国から産業立国へと舵取りをするために日本だけではなく、マレーシア、インドネシア、ブルネイ、中国などを歴訪。アジア重視の姿勢を示すとともに「石油王国からの脱却プロジェクト」をビジネスチャンスと捉える日本を含むアジア各国を互いに競わせ、最大限の協力を引き出す構えである。

2.「日・サウジ・ビジョン2030」に合意

安倍首相とサルマン国王との間で「日・サウジ・ビジョン2030」を締結。特に経済特区の新設に関し、両国関係を「戦略的パートナー」と位置付け、日本の官民挙げて、サウジの目指す「脱石油国家創生」を支援する連携強化を打ち出した。具体的には民間主導で20プロジェクトに合意した覚書が公表された。水に関する案件では、①東洋紡と水処理膜の開発、②JFEエンジニアリングと海水淡水化装置の共同開発、③ササクラと海水淡水化プラントの効率化による商

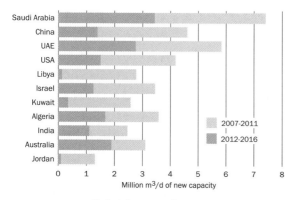

海水淡水化・トップ11の国
（出所：GWI DesalData）

海水淡水化の送水パイプライン　海水淡水化公団
（出所：http://www.swcc.gov.sa/english/Pages/Home.aspx）

の海水淡水化王国でもある。水は水・電力省（MOWE）およびナショナル・ウォータカンパニー（NWC）、海水淡水化公団が国営企業として活動している。さらに民間企業も独立発電業者や造水事業者として水事業に参加している。

　2016年の造水量は日量800万㎥であり、水の用途は、飲料水が61％、工業用水27％、発電用水6％などであり、2020年までに日量2千万㎥に増強する計画である。その中心となっている国営・海水淡水化公団（SWCC）は30の海水淡水化プラントを所有（日量460万㎥造水能力）、さらに56ヵ所のポンプ場設備、21の送水設備、約7,175kmの輸送パイプラインを保有している。同国内で使われる

業化、④みずほ銀行とは、都市インフラの整備が掲げられている。

3．サウジアラビアの水事情

　サウジは世界の海水淡水化総量の約20％を生産・消費する世界一

飲料水の5割は海水淡水化から、4割は地下水（化石水）、1割は表流水から得られている。首都リャドへの水供給はペルシア湾から467kmのパイプを通して送られてきている。長距離輸送により水質の劣化や断水

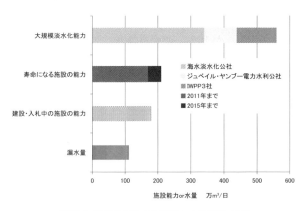

老朽化する海水淡水化施設と大きな漏水率
（出所：SWCC: Operation & Maintenance - Facts & Figures 2009）

の被害も報じられている。また老朽化したパイプラインからの漏水率も高く、日量100万㎥を超えている。さらに2000年頃からサウジ政府は、発電造水（IWPP）民間企業から海水脱塩水を高値で購入し、安値で販売しているために水道事業は常に赤字であり、政府の補助金で成り立っている。しかし今まで無料（94年まで完全無料で水供給）の水を使うことに慣れた国民は節水の意識は全くなく1日1人当たり約300ℓ使用している。

4．サウジ水ビジネス市場…118兆円

英国の調査会社（GWI）や米国商務省の予測によると、今後のサウジ水ビジネス市場は107ビリオンドル（約118兆円）と予測している。また現在国営企業で行われている海水淡水化事業の52%を民間企業に売却する方針も打ち出され、これから熾烈な水ビジネス展開が開始されるであろう。具体的な水事業の民営化計画では、①官民パートナーシップ（PPP）プログラム、②BOT、BOO、DBOプログラムの進行管理、③都市部の水道事業と下水処理事業は2018年までに政府からNWCに移転される予定である。

●海水淡水化の動き

サウジは世界最大の海水淡水化設備能力を有している。現時点では蒸発方式である多段フラッシュ

方式（MSF）が64％、多重効用缶方式（MED）が16％、逆浸透膜方式（RO）が20％である。脱塩方式も従来の蒸発方式から省エネである逆浸透膜（RO膜）方式に転換が進んできている。

SWCCは将来不足する水需要に対処するために、2年以内に淡水の生産量を日量520万㎥に引き上げ、2025年までに約800億ドル（約8兆8千億円）を投資し日量850万㎥造水を達成する予定を立てている。さらに海水淡水化装置のエネルギー消費量を半減させることを計画している。また同国で300以上の造水プラントを維持管理しているNWCは今後6.7ビリオンドル（約7,370億円）を投資し淡水化装置の効率改善、パイプラインの延長や更新事業を推進する計画である。

●再生水利用

下水処理場は2011年時点で全国に33ヵ所あり、15ヵ所が建設中である。再生水の利用率は約18％で主に農業利用である。

国家目標では、2020年までに下水の再利用水として日量90万㎥、2040年までに下水総量の90％を再利用する計画であるが遅々として進んでいない。

5．サウジ向け水ビジネス、日本どうする

世界最大の海水淡水化市場のサウジ、既に水メジャーといわれるフランス系のスエズ、ヴェオリアは設計・調達・建設（EPC）コントラクターとして大規模プロジェクトを実施している。さらに韓国

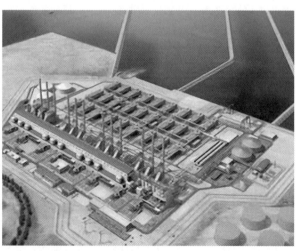

サウジアラビア国営企業（SWCC）海水淡水化に800億ドル投資
（出所：http://www.swcc.gov.sa/english/Pages/Home.aspx）

日本企業が関与したサウジ向け海水淡水化事業プロジェクト （各種資料をもとにGWJ作成）

プロジェクト	事業開始年	事業方式	参加企業
ラービク 発電・蒸気・造水	2005年	IWSPP （BOOT）	丸紅、日揮、伊藤忠商事、 三菱重工
シュケイク 発電・造水	2007年	IWPP （BOO）	三菱商事、三菱重工
アル・ジュベール C4 海淡リハビリ	2014年	EPC	ササクラ、伊藤忠商事
シュアイバ・フェーズ2 海淡増設	2015年	EPC	ササクラ、伊藤忠商事

※1：コントラクター、またはサブコントラクターで参入した企業
※2：機器単品納入企業（膜、ポンプなど）は記載していない

の斗山重工業（ドーソン）、スペインのアベンゴア（ABENGOA）、シンガポールのハイフラックス（Hyflux）、最近ではIBM-ダウ・ケミカル連合体、さらには米国ブラック・アンド・ビーチ（Black & Veatch）などが活発に活動している。既に国営SWCCは、民営化に備え独自にデュポン・サステナブル・ソリューションと海淡全体の効率化、エマーソンとプラントの自動化、グラハム・テックと海水淡水化のプロセス見直しを契約している。

中東地区で日本の水技術が評価されてきたのは、ササクラや日立造船、三菱重工の蒸発法、西島製作所や荏原製作所の大型ポンプの信頼性、また海水淡水化膜では、海水の汚染に強い東洋紡のRO（中空糸）膜、海水腐食に強い二層ステンレス鋼などである。しかしいずれもシステムの一部や部材であり、大きなプロジェクトを牽引する立場に置かれていない。日本独自の戦略として、今後は海水淡水化装置の高効率化と省エネ対策、さらにRO膜装置からの高効率の動力回収装置（電業社）や漏水率の改善ノウハウ（東京都の漏水率は3％以下）の提供などを網羅し、具体的には造水促進センターや海外水循環システム協議会（GWRA）などを活用し、システムの高効率化を伴う総合的なプロジェクト・ビジネスに傾注すべきであろう。部品大国・ニッポンからの脱却が急務である。

⑲ ブラジル／国家を脅かす 水資源の枯渇と上下水道

—下水道情報（2017年7月18日発行）—

　ブラジル北東部のセルトンと呼ばれる半乾燥地帯では、2012年以降、雨がなく降水量はほぼ皆無で、草はすべて枯れ、家畜の死骸が渇ききった大地に横たわっている。地域住民に水を供給していた川や貯水池は干上がり、当局によると底をついた場所も多く、現在（2017年）の貯水量は約6％と推定されている。8州にまたがるセルトンには約2,500万人が居住しているが、そのうち300万人に十分な飲料水を供給できない事態に突入している。

　世界でもトップクラスの水資源量を有するブラジルだが、サンパウロをはじめ主要都市の貯水池の水位も例年の1／3以下となっている。専門家は、この現象について太平洋のエルニーニョ現象や北大西洋の海水温の上昇などを挙げているが、改善の兆しがない。水資源の枯渇に加え、上下水道インフラの不備が水ストレスに拍車をかけ、国家を脅かす事態となっている。

1．水資源の枯渇問題

　同国は総発電量の87％を水力発電に頼っている世界最大級の水力発電大国である。イグアスの滝近くに建設されたイタイプダムは貯水量290億tで世界第2の発電量（1,400万kW）を誇り同国の電気供給量の約20％を占めている。その発電用水も枯渇の危機に直面している。さらに世界最大の河川であるアマゾン川の水位が過去40年間で最低レベルになっている。枯渇の原因は地球温暖化の影響、世界最大の森林地帯であるアマゾン地域の大規模な森林伐採（過去40年間で森林面積の20％が消失）による保水力の大幅な低下や、地下水の過剰取水などが挙げられている。水資源の枯渇はそれらの複合人災ともいわれている。

2．水不足で1,100万人が水道を使えない事態に

　大サンパウロ都市圏に住む約1,100万人がカンタレイラ貯水池の水を利用している。カンタレイラ貯水池は州内の5河川から取水し、世界最大規模の複合型貯水池（保有水量約9.9億㎥、1973年完成）であるが2014年2月に過去最低値となる貯水率19%を記録した。今夏（2017年）の降雨量は予想より50%も少ない。サンパウロ州知事は節水の呼びかけはもちろんのこと、新たに年間平均で20%の節水

ブラジル地図

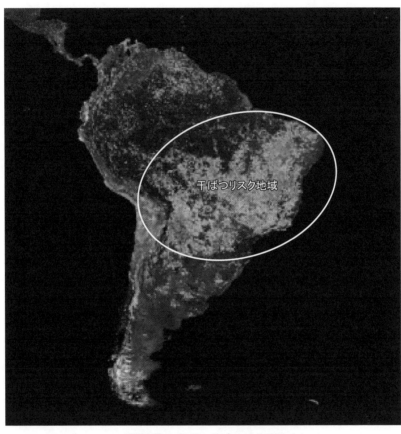

干ばつリスク地域

衛星写真／ブラジル干ばつリスク地図

（出所：NOAA and the National Weather Service from measurements of the AVHRR sensor onboard the POES satellite）

ブラジルの上下水道サービス企業

事業者・企業名	上下水道サービス人口
サンパウロ州基礎衛生公社	2870万人
オデブレヒト社	1700万人
ミナスジェライス州衛生公社	1460万人
パラナ州衛生公社	1030万人
カリオカエンジニアリング社	600万人

を達成した家庭に対し、水道料金を30%割り引く政策を導入している。

皮肉なことに水源地から遠く離れたサンパウロ市内では時々発生する集中豪雨で道路などが冠水している。

3．水資源量と水インフラ

ブラジルの国土面積は日本の約22倍（851万km²）で年平均降水量は1,782mmであり世界最大の水資源量（8,233km³/年）を有しているが、水インフラが未整備であり水資源使用率は0.7%と世界最低クラスである。

・同国の上下水道サービスは①自治体による直接サービス、②地域・州の事業体への権限移譲による間接供給サービス、③民間企業への運営権売却（コンセッション）による間接サービスという3つのパターンで実施されている。

例えば州で経営している上下水道会社の代表格はサンパウロ州が大株主のサンパウロ基礎衛生公社（Sabcsp）でニューヨーク証券取引所にも上場している巨大企業である。

この企業は1973年に設立され、サービス人口は同州の人口の約6割、2,870万人に供給している。2016年の売り上げは4,200百万ドル（約4,620億円）、利益は905百万ドル（約995億円）を計上し、従業員は1万4,900人である。その他ミナスジェライス州の州営企業コパサ（Copasa、サービス人口1,460万人）などが知られている。

・サンパウロ州のような大都市部では上水道普及率は96%、汚水収集率は86%（但し汚水処理率は58%）と高いが地域間格差（水資源や経済状態、人的資源）が大きく農村部や遠隔地ではこれから上下水道の整備が求められている。また無収水率（漏水、盗水などで収益にならない水）は37%と高く、水道料金として回収できていない。同国政府は2033年までに上下水道普及率を90%以上にする政策を掲げているが資金難に直面している。

4．下水道の普及率は平均65%で地域格差が大きい

ブラジル地理統計院（IBGE）が2017年2月に発表したデータによると2008年の下水道アクセス世帯は59.3%から2015年には65.3%

に増加した。人口でみると1,030万人がアクセスできるようになった。しかし地域ごとの格差が大きく、南東部の下水アクセス世帯は88.6％であるが、北部では22.6％に留まっている。水道についても南東部では92.2％世帯が安全な水にアクセスできるが、北東部は79.1％となっており、上下水道とも地域格差が大きい。

同国都市省は国家基本衛生法が施行（2007年）されてから10年間に1,200以上のプロジェクトを完成させ、上下水道設備事業、排水設備などの工事に200億レアル（6,800億円）を投資し環境改善したと説明しているが、現地サンパウロ新聞は、国家基本衛生法が施行されてから10年も経過しているが、未だに3世帯のうち1世帯は基本的な衛生設備が不足している状態にあると指摘し、また学校の下水道へのアクセス率（36％）はインターネットのアクセス率（41％）より低い、これは衛生環境を重視しない国の優先順位が表れていると述べている。

５．住友商事による上下水道事業への参画、280億円投資

住友商事は2017年4月に「ブラジル水事業への参入」を明らかにした。カナダの投資会社と共同でオデブレヒト・アンビエンタルが保有するブラジルの上下水道や産業用水処理事業26社の株式70％を取得する。投資額は2億5千万ドル（280億円）であり具体的には住商から現地に10人派遣し、技術内容は東京都の出資団体である東京水道サービスや東京都下水道サービスの技術やノウハウを活用する予定である。事業領域はブラジル国内の12州・約100都市において、約1,700万人への上下水道サービスや産業用水処理サービスを提供する予定である。この事業、日系商社が手掛ける海外の上下水道ビジネスにおいて投資額やサービス人口は最大規模である。

６．水インフラ改善について日本の貢献

日本が移民政策を始めて以来、日本人13万人がブラジルに移住してから既に100年以上が経過し日系人は150万人を超え、同国は世界最大の日系人居住地となっている。このため日本国政府は同国の上下水道インフラ整備に積極的に

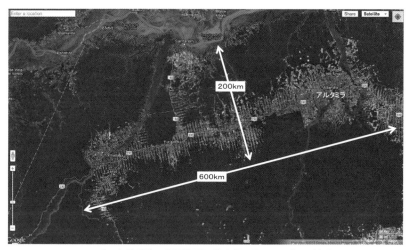

アマゾン森林破壊の衛星写真　北東部の町　アルタミラ付近

ブラジル都市部における上下水道の整備状況

項　目	2007年	2015年	2033年 国家目標	サンパウロ市 （2010年）
上水道普及率	80.9%	85%	90%以上	96%
下水道普及率	59.3%	65.3%	90%以上	74%
上水道無収水率	37%	—	—	32%

支援してきた。

　円借款での主な事業は、①パラナ州環境改善事業（237億円）、②東北部水資源開発（36億円）、③サンパウロ沿岸衛生改善事業（213億円）、④サンパウロ州環境改善事業（192億円）、⑤サンパウロ州無収水対策事業（336億円）、⑥ビリングス湖流域衛生環境改善（62億円）などである。

　BRICS経済の主役の1人として期待されていたブラジルだが、最近はラテンアメリカ諸国中、最低の経済成長率に加え、陽気な国民性もあり上下水道のインフラ整備は遅々として進んでいないのが現状である。

111

⑳環境を重視した豪州メルボルンの海水淡水化プラント

―下水道情報（2017年11月21日発行）―

海水淡水化プラントは多くの環境問題を抱えている。淡水化技術には大きく分けて蒸発法と膜法（RO膜使用）があり、現在主流になっているRO膜法でも現状4kW/㎥前後の電力を消費する電力多消費型で、地球環境問題であるCO_2削減問題に大きくかかわっている。また真水（生産水）を取り出した後の濃縮水（ブライン、塩分濃度6～8％）の処理も大きな問題になっている。小さなスケールでこれらの諸問題を解決し実証されたプラントは多いが、オーストラリア・ビクトリア州メルボルンでは南半球最大級の海水淡水化プラント（約44万㎥/日）が2012年から順調に稼働し、極めて環境にやさしい海水淡水化プラントとして世界中の注目を集めている。その概要を紹介する。

1．オーストラリアの干ばつ被害

1－1　背景

日本の国土面積の約20倍ある豪州では歴史的に大規模な干ばつが繰り返し発生している。豪州は広大な土地を利用し、大規模な農業が行われているイメージがあるが、国土の大半は砂漠や乾燥した草原であり、酪農や農業が可能な地域は非常に限られている。また同国の年平均降水量は日本と比べ約1／4と少なく、水資源の確保は国家の経済を左右している。

1－2　干ばつによる農業被害

同国の農業被害も深刻であり、干ばつが豪州経済に与える影響についてOECDや豪州準備銀行（RBA）などは同国GDPを0.5～0.7％程度引き下げるのではないかとの見通しを示している。

その対策として豪州政府は、国内農地の約半分を干ばつ被害地域に指定し、農家の減収補填、利子補給などで11億ドル以上の補助金を支出している（2006-2007年）。逆に水不足が深刻になるに連れて、水利権が高騰し、2007年以降、農

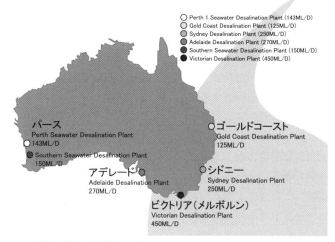

豪州・主な海水淡水化プラント（出所：SUEZ Presentation Slide）

業や酪農をあきらめ、その水利権を売買することにより大きな収入を得る農家も出てきて、水利権売買は1つのビジネスともなっている。

2．ビクトリア州海水淡水化プラント

このような背景下で、ビクトリア州の州都メルボルン市は恒久的な渇水対策を目的とした官民連携プロジェクト（PPP）を計画し、立ち上げられたのがビクトリア州の海水淡水化プロジェクトである。

同国には、既に大型の海水淡水化プラントはたくさん（パース29.3万㎥/日、ゴールドコースト125万㎥/日、アデレード27万㎥/日、シドニー25万㎥/日）あるが、PPP事業によるプラント導入は初めてのケースである。

2－1　アクアシュアコンソーシアム（経営母体）

コンソーシアムは水・環境事業の大手、水メジャーといわれるスエズグループと豪州最大手のゼネコンであるティース、豪州最大手投資銀行マッコリーの3社で構成されている。建設総事業費は約2,800億円（2009年当時）から3,100億円（2012年推計）でRO膜方式の

113

海水淡水化施設、海水取水設備、飲料水送水パイプライン、送電線の建設なども含んでいる。建設工事は2012年に完成し、PPP事業として、今後27年間にわたりメルボルン広域市に水を安定供給する事業計画である。装置の完成により人口約460万人を有するメルボルン市の年間水使用量の約1／3を賄うことができる。プラントの特徴は、徹底的に環境に配慮した海水淡水化プラントであり、必要な電力はすべて再生可能エネルギーである風力発電で賄われている。またプラント内部でも動力回収装置（米国ERI社製）が多用され、省エネに貢献している。

2－2　海水淡水化施設の概要

- 所在地：ビクトリア州ウォンサッギ地区
- プラント設置面積：32ha
- 主要設備：海水淡水化プラント、給水ライン、海水取水排水トンネル
- 造水能力：年間1億5千万㎥、約44万㎥／日換算
- 竣　工：2012年12月

造水プラントはRO膜装置ビルディングを含め計29のビルから構成され、現在の造水能力は1億5千万㎥/年であるが、将来は2億㎥/年まで増設できる計画である。

海水取水パイプは口径4千㎜で、海底下15〜20mに布設され1.2kmの長さ、また地上部では地下15mに取水パイプが布設され、敷地内の着水井から揚水ポンプでプラントに送られている。

またメルボルン市内への給水は口径1900㎜で総延長は84kmである。

●建設にあたっての留意点

オーストラリアでは漁業、生物などへの影響を最小限にするために事前に十分な環境アセスメントを実施することが義務付けられている。

海水淡水化プラントの設計においても、例えば濃縮水に含まれている残留塩素は、微生物への影響がないようにプラント内で事前に分解することが必要である。また放流時には、濃縮水と海水とを急速に混合させ、濃度の影響を狭い範囲に収めるか、または発電所の冷却水と混合し濃度を低下させると

いった対策が求められている。さらにスラッジなどの廃棄物の処理も、廃棄・処分方法の十分な検討が要求されている。

・自然の風景をできるだけ壊さない
・植物相（木々、花類、草）に影響を与えない
・エネルギー使用を最小限に
・建物を20m以上にしない
・放流水のモニタリング（PH、DO、ED、温度、濁度など）
・すべて第三者のレビューを受けること　など

環境に十分配慮したプラント設計となっている。詳細は、https://www.aquasure.com.au/を参照ください。

2−3　日本企業の参画

世界最大規模の海水淡水化PPP事業であるこのコンソーシアムの立ち上げ時には伊藤忠商事がおよ

ビクトリア州海水淡水化施設

（出所：Victorian Desalination Fact Sheet）

全景

そ100億豪州ドルを出資し事業経営に参加。また国際銀行団（30行）に邦銀の大手、三井住友銀行、みずほコーポレート銀行、三菱東京UFJ銀行が加わり、プロジェクトファイナンスを構成している。

また2017年10月には日本生命が同プラント運営プロジェクトに約156億円を融資したと報じられた。

3　ESG（環境・社会・ガバナンスを重視した）投資

2005年以降、機関投資家による

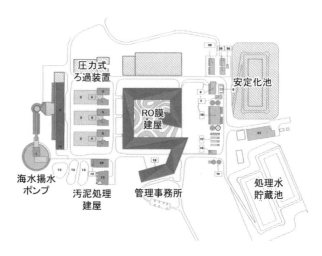

平面図

圧力式
ろ過装置

RO膜
建屋

安定化池

海水揚水
ポンプ

汚泥処理
建屋

管理事務所

処理水
貯蔵池

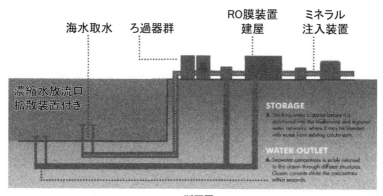

断面図

海水取水 ろ過器群 RO膜装置建屋 ミネラル注入装置

濃縮水放流口
拡散装置付き

投資判断は、ESG投資に変わりつ
つある。ESG投資より前は、SRI投
資（社会的な責任投資）の言葉が
よく使われていた。一部の投資家
集団からは社会や環境を意識した

SRI投資はリターンが低く、有効
的な投資手法でないと否定的な見
方が多かったが、昨今、環境や社
会、ガバナンスを重視したESG投
資は、投資リスクが少なく、同時

ビクトリア州海水淡水化施設　RO膜装置　ビルディング
（出所：Victorian Desalination Fact Sheet）

景観基準：建屋の高さは20m以内

RO膜トレイン建屋　左写真の手前は動力回収装置

に財務リターンも高いという概念が普及しつつある。今回のビクトリア州の海水淡水化プロジェクトも、計画段階から多くの環境規制（約221項目）をクリアし、多くのステークホルダーも参画しESG投資の観点から進められてきた。

日本においても大型の上下水道向けPPP／PFIの計画案が発表されているが、世界的な流れであるESG投資の観点から再度見直し、海外からの投資も積極的に受け入れるべきであろう。

㉑ベトナムの水インフラ事情

―下水道情報（2017年12月19日発行）―

今、ベトナムが世界から注目されている。人口9,500万人（2017年推計）を擁し、平均年齢が31歳という活気のある国である。

2012年から2016年までの平均実質GDP成長率は5.9%を超え、同国経済成長率は堅調に推移している。成長の要因は、同国の政治情勢が比較的安定していること、アジア各国からアクセスも良く、相対的な労働力コストの安さと経済成長力の高さが魅力、また天然資源が豊富（鉱物資源、森林資源、水産資源、水資源）などである。

それゆえ各国からの投資案件も多く、特にハイテク産業には、同国は「投資インセンティブ」を導入し、投資拡大の後押しをしている。法人税は周辺諸国より安く、ハイテク産業の場合は、当初4年間は免税、続く9年間は税率5%、その後は税率10%が適用されるルールとなっている。産業の急速な発展と都市部への人口増加により同国の水需要も急拡大している。

1．ベトナムの水事情

ベトナムはインドシナ半島の東端に位置し、南北に1,700km、面積は日本列島から九州を除いたくらいの面積（33万k㎡）を持つ。東側の海岸線は約3,300kmの長さがあり、北部の中国、ラオス、カンボジアとの国境付近は山岳・高原地帯が占め、国土の約8割が山地

ベトナム地図

ベトナム　給水と衛生の目標

分　野	基準年	ベースライン（%）	2020年目標値（%）
都市型給水	2011	76%	85%
農村型給水	2011	37%	75%
都市型衛生整備	2009	10%※	45%※
農村型衛生整備	2011	55%	85%

出所：World bank（2013）, Vietnam Water Supply Database 2010
※は下水処理水ベース

アジア諸国向け「水と衛生分野」
ドナー国別　ＯＤＡ実績（2012〜2015年平均値）

単位：US百万ドル

順　位	国　名	4年間平均値
1	日本	919
2	ドイツ	390
3	韓国	199.5
4	フランス	168
5	オーストラリア	86.5
6	スイス	63.5
7	オランダ	57.5

出所：OECD　2017年版報告書

や高原である。ベトナムは、熱帯モンスーン気候に属しているが、北部と南部では気候が大きく異なる。ハノイを中心とする北部では四季があり雨季は5〜9月で年降水量は地域により1,500〜2,800㎜と大きく変化する。ホーチミンを中心とする南部では平均気温が26℃と高く、年降水量の地域的な変化は少なく1,800〜2,200㎜の間である。同国の国民1人当たりの水資源量は9,853㎥/年（日本の2.9倍）と豊富にあり水力発電が盛んでベトナム全体の発電量の約40%を占

119

めている（2014年実績）。しかし
他の水インフラの未整備が大きな
課題である。

　北部と南部には2大河川、紅河
とメコン河が流れ広大なデルタ地
帯が形成されているが、その他の
多くの河川は急流で、流域地区の
保水力が小さく洪水と渇水の被害
が多い。ベトナムの主な産業は農
業、特に米作が盛んであり水資源
の約8割は灌漑に使われている。
農業人口は国民の約5割を占めて
いる。

　最近は鉱工業、建設、各製造業
など2次産業が大きなウェイトを
占めるようになり、水需要が急拡
大している。

2．ベトナムの水インフラ状況

　上水道の普及率（直轄5市）は
90%程度だが、他省都市の平均値
は約70%である。

　その水源は表流水が65%、地下
水が35%である。全国に430カ所
の浄水場があるが、設備が旧式で能
力不足、さらに漏水率の改善が急
務である。一方、水環境問題（水
質汚染）が深刻化してきている。

　急激な経済発展の一方で工場排
水処理施設や下水道は未整備で、

下水道の普及率は低く都市部でも
20%程度である。上下水道事業は
建設省が、水質管理は天然資源環
境省が所管、個別事業は各省の人
民委員会（自治体）に属する上下
水道公社が担っているが、いずれ
も資金難に直面している。筆者も
たびたびベトナムを訪問している
が、ハロン湾や中小河川の水質汚
染や、集中豪雨で道路の冠水など
を実感している。特に都市部の浸
水被害が頻発し、単なる交通被害
だけではなく、汚水の拡散による
汚染物質の拡散や水系伝染性バク
テリア・ウイルスによる健康被害
が危惧されている。

3．ベトナムの水インフラ整備は
　　国際金融支援が主力

　ベトナム政府は、以下のような
水インフラ構築の長期展望を挙げ
ているが、すべて資金難に直面し
ている。
・2025年までにレベル4以上の31
　都市は、下水処理場を完備する
・レベル5の612自治体は同期間
　で50%の汚水を処理する
・中核都市の上下水道整備促進
・工業団地の排水処理、水のリサ
　イクル利用促進

・農業用灌漑用水の効率化

・鉱山向け水供給と排水処理、排水水質の管理

・植栽用の散水、道路洗浄用水は排水の再利用水を20〜30%使う

・既存の上下水道施設のリハビリ、漏水管理、老朽化対策など

今まで政府援助資金（ODA）でベトナムを支えてきた国々は、日本、フランス、ドイツ、スイス、オランダなどである。

特に日本はベトナムの水環境改善において、2006〜2010年までの水分野の政府開発援助（ODA）実績では累積約15億ドル（全体の34%を占める）でトップであったが、近年は韓国に追い抜かれている。金額だけではない、日本のODA案件の遅さも問題である。ベトナムの下水道案件では、調印から着工まで平均5.3年かかり、他の案件（例えば運輸関係では3.3年、電力案件3.9年）に比べスピードが遅い（JICAベトナム事務所の報告2016年9月号）。他国は2〜3年で着工している例が多い。相手国の受け入れ側の問題もあるが、このままでは感謝されない日本となってしまう。

日本ODA、最近の動きでは2017年9月、JICAによる下水・排水処理システム改善に247億円の円借款の供与、同11月には日本政府とベトナム政府間で、水環境改善として300億円の円借款が調印された。しかし同年11月、ベトナム政府は韓国政府からODAとして2020年までに15億ドル（約1,710億円）を借り入れる枠組み協定を締結したと発表している。ベトナムの都市化率の向上、経済発展に連れ、多くの国が同国の水処理市場の獲得を目指し、熾烈な戦いが始まっている。

4．ベトナム最大の水処理展示会「Vietwater 2017」が開催

「Vietwater」はベトナムの最大の水処理展示会であり、今年度（2017年度）も昨年に引き続きホーチミン市のサイゴンエキシビション＆コンベンションセンターで11月8〜10日まで開催された。同時に水処理分野の国際会議およびテクニカルセミナーも開催された。

●開会式

8日の開会式において、ベトナム上下水道協会のカオ・ライ・クァン会長が「Vietwater2017を通じてベトナムの上下水道事業にお

いて大きな発展を促進する」とともに「国内外の水処理関連企業の交流の場として重要な役割を果たす」と挨拶。また、同国建設省のファン・ティ・ミー・リン副大臣が「展示会の開催において水処理に関する最先端技術および商品の展示および技術譲渡の場であるとともに、ベトナムの公的機関および企業が水処理に関するノウハウの交流と継承の場となることを期待している」と述べ、展示会開催に強い関心を寄せた。

●テクニカルセミナー

展示会期間中に開催されたテクニカルセミナーでは、浄水処理、排水処理および海水淡水化に関する様々な水処理技術が紹介された。

●展示会

展示会には世界38ヵ国から関係企業480社が出展し、水処理およびエネルギーに関する最先端の技術・機械を紹介する見本市として賑わった。会期中の来場者数は1万4千人余りで、水処理関係者および80もの関係団体が参集し、多数の商談が行われた。今回の展示会は9回目の開催となり、ベトナムの上下水インフラ整備、排水処理など水処理に対する需要が非常に高まっていることが窺われた。日本は日本貿易振興機構（ジェトロ）主催のジャパンパビリオンに24社が出展。それ以外に単独のブースを構え自社の技術を紹介する企業も多数みられた。日本の総合水事業会

ベトウォーター展示会

（写真提供：ティン・ミン・ホン氏（水みらい広島・ベトナム国籍））

水 ing の展示ブース

社・水ingは今年度（2017年度）も展示会のゴールドスポンサー、荏原製作所、JFEエンジニアリング、月島機械、鶴見製作所はシルバースポンサーを担うなど、日本勢はベトナム国内の水処理市場において大きな存在感を示している。

5．勝てる日本の水戦略

急拡大しているベトナムの水ビジネス市場であるが、今のところ大きな案件はODA頼みであり、これでは国際競争に勝つことができない。事実、日本が最大の拠出国であるアジア開発銀行（ADB）の国際入札では2016年度、資機材・土木部門の総額約8千億円のうち日本勢の受注実績はわずか0.77％（国別で17位、1位は中国）である。相手国のニーズを正確に汲み取り、相手のレベルと財布の中身に合う提案を、他国企業とも組み開拓することが急務である。

五州興産グループ　ベトナムの水処理会社

テクニカルセッション

㉒世界の民営化水道 235事業が再公営化に

―下水道情報（2018年3月27日発行）―

　水道事業の民営化がグローバルに始まったのは1980年代後半からである。90年代から2000年の間に旧共産圏やラテンアメリカをはじめ世界中で水道の民営化が実施された。しかし2000年代に入り民営化水道は様々な問題を引き起こし、最近の調査では、世界37ヵ国で民営化された235の水道事業が再公営化（民から官へ）されている。日本でも改正水道法案（広域化、官民連携など）が再上程されようとしている。グローバルな水道民営化の流れを俯瞰し、将来の日本の水道事業の姿を模索してみたい。

１．世界の水道、民営化の流れ

　水道事業の民営化がグローバルに始まったのは1980年代後半からである。イギリスのサッチャー政権やアメリカのレーガン政権が、あらゆる分野の規制緩和や国営・公営企業の民営化を推進し、水道事業もその政策の一部であった。

１）なぜ水道の民営化が加速されたのか

　その背景は世界銀行（IBRD）や国際通貨基金（IMF）などの国際機関が「ワシントン・コンセンサス」と呼ばれる政策合意（金融・貿易の自由化、規制緩和、国営企業の民営化など）に基づいて国営企業の民営化に資金を提供したことであった。単純にいうと「水道事業を民営化しなければ、資金を提供しない」方針であった。2000年代の初め途上国は人口の増加、経済の急速な発展に直面し、他のインフラ（通信、道路、港湾、鉄道など）への投資が最優先であり、水道事業には、カネもヒトも割けない状態であり、正に世界銀行やIMFの推進する「国営企業などの民営化方針」は途上国にとり渡りに船の状態であった。また先進国は財政赤字立て直し（官から民へ）、施設の老朽化対策などが急務であった。

２）水道民営化の主役は

90年代から活躍した欧州の３企業はフランス系のスエズ、ヴェオリアさらにイギリスのテムズウォーターであり、彼らは水メジャー（ウォーターバロン）と呼ばれグローバルに水道民営化を開拓し、2000年当時は、世界の民営化された水道の約７割を担っていた。スエズ、ヴェオリアとも水事業の売り上げは１兆円をはるかに超えていた。なぜフランス勢が強いのか。フランスは、全国各地に小都市が多く160年ほど前から、小規模の水道事業は地元民間企業が経営してきた歴史がある。それらの民間水道事業者を次々と買収し総合力を持ったのがスエズ、ヴェオリアであり、その経営ノウハウを持ってグローバル展開を行った。世界市場はもちろん、2010年時点で地元フランス水道の71％、下水道の55％が民間で運営（コンセッション方式）されている。

３）世界で水道事業の再公営化が加速

世界の民営化水道の実態を調査している公共サービスリサーチ連合（PSIRU）によると、2000～2015年３月末までの15年間に「世界37ヵ国で民営化された235水道事業が再公営化された」と公表している。再公営化の流れは資金不足の途上国だけではなく、先進国でも確認されている。先進国で水道事業を再公営化した大都市は、パリ（フランス）、ベルリン（ドイツ）、アトランタ、インディアナポリス（アメリカ）などで、途上国ではブエノスアイレス（アルゼンチン）、ラパス（ボリビア）、ヨハネスブルグ（南アフリカ）、クアラルンプール（マレーシア）などがある。

（１）共通する再公営化の理由

なぜ再公営化するのか、そこには共通した理由が存在する。

・事業コストと料金値上げを巡る対立（インディアナポリス、マプート他）

・投資の不足（ベルリン、ブエノスアイレス）

・水道料金の高騰（ベルリン、クアラルンプール）

・人員削減と劣悪なサービス体制（アトランタ、インディアナポリス）

・財務の透明性の欠如（グルノーブル、ベルリン、パリ）

・民間事業者への監督の困難さ（アトランタ）

さらに共通するのは、契約途中の解約も多く、水道事業の経験豊富な都市が多い。つまり民間業者に賠償金を支払っても、再公営化することが、市民に廉価で安全な水道水を供給できることを再認識した都市である。

最近の大きな話題はインドネシアの首都、ジャカルタ水道の再公営化である。途上国の民営化は、いかに時の権力者と密接であったかがわかる例で詳述する。

2．ジャカルタ水道・民営化の歴史

90年代、ジャカルタ水道公社の民営化路線に興味を示したのが、イギリスのテムズとフランスのスエズであったが、いずれも水道関係の既得権者（公共事業省、ジャカルタ州政府、水道公社職員）が民営化に強く反発した。そこでテムズは1993年、財務・経営管理業務を英・テムズ側が管轄することを条件に、スハルト大統領の長男（シギット・ハルヨユダント）に対し新たに設立した水道会社の株式の20%を譲渡。一方スエズ側はスハルトに近い華人系実業家スドノ・サリムに共同事業の提案をし、その事業株式の40%をスエズに移譲することが約束された。問題はテムズもスエズも、ジャカルタ水道を独占する戦略であったが、両方ともスハルトの息のかかった企業同士、1つのパイを巡る争いになり、スハルトファミリーの関係

インドネシア／都市・水道事業比較

都市名	経営	平均水道料金 ルピア／㎡	漏水率 （%）	サービス カバレッジ （%）
スラバヤ	公営	2,800	34	87
パレンバン	公営	3,800	30	93
バンジャルマシン	公営	4,120	26	98
メダン	公営	2,226	24	66.62
マラン	公営	4,000	30	80
ジャカルタ	民営	7,800	44	59.01

出所：（1）The Indonesian Drinking Water Association（Perpamsi）2013；（2）TribunNews 2013；（3）Department of Public Works 2013；（4）Perpamsi 2010；（5）Malang Drinking Water Company 2015；（6）JPNN 2013.

● 浄水場
● 1954年デグレモン（スエズ）建設
● アクセレータ（凝集沈殿）、ろ過方式
● 老朽化が激しい

PALYJA／ジャカルタ水道施設（右写真の右から3人目が筆者）

悪化になる恐れであった。そこでスエズ側は、パリやマニラでの事業区域の分割例（パリはセーヌ川で分割、マニラは東と西に分割）を提案。結局ジャカルタの水道事業はチリウン川で分割（西側：スエズ、東側：テムズ）されることになった。

1）そこで何が起きたか

　スハルト政権下でジャカルタの水道民営化が実施（1998年）されたが、当初の目的である①安価で安全な水の供給とサービスの拡充（給水対象人口約1千万人）、②給水区域の拡大、③漏水率、無収水率の改善などが適切に実施されなかった（総合的な達成率50％以下）。さらにジャカルタ市民にとり他の都市と比べ高い水道料金と悪いサービスに耐えられなかった。

2）市民訴訟

　居住者と市民連合は2012年にジャカルタ地方裁判所に提訴し勝訴。地裁は水道の民営化は憲法違

ジャカルタ市の水道料金表

種別	顧客種別	0-10㎥	11-20㎥	＞20㎥
グループⅠ	宗教関係	1,050	1,050	1,050
グループⅡ	政府・病院	1,050	1,050	1,575
グループⅢA	一般住宅	3,550	4,700	5,500
グループⅢB	工場など	4,900	6,000	7,450
グループⅣA	大使館など	6,825	8,150	9,800
グループⅣB	高級ホテルなど	12,550	12,550	12,550

金額単位：ルピア　参考：100ルピア＝0.77円（2018年3月）
一般住宅　約27円／㎥　10年以上、料金表改定なし

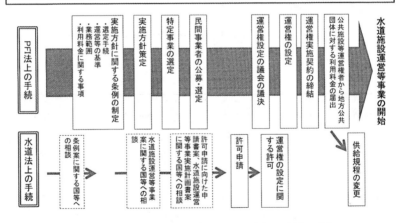

民間事業者への水道施設運営権の設定に関する手続きの流れ
出所：「最近の水道行政の動向」（厚生労働省水道課、2018年1月）

反（同年、憲法裁判所の判決）であり、水事業を公共水道事業に戻す決定をした。しかし2016年、ジャカルタ高等裁判所は、地裁の決定を覆し、水道事業の民営化路線を継続する政府の方針を認めた

ために、市民連合は最高裁に控訴していた。

3）ジャカルタ最高裁の判決…民営化水道の終焉

最高裁は水道の民営化は、住民の水に対する人権を守ることに失敗したと述べ、2017年10月に次のような判決を下した。

・ジャカルタの民営化水道は2023年までに終結させること。

・民間水道事業者との契約は無効とする。

・国際規約第11条、第12条に記載されている「水に関する人権および価値」に従ってジャカルタの飲料水管理を実施すること。

この最高裁判決で25年間のジャカルタ民営化水道は終焉を迎えることになった。

4）ジャカルタ水道の現状

筆者は2018年2月にジャカルタを訪問、現地の水道関係者から聞き取りを行ったが、再公営化への具体的な取り組みはこれからである。また民から公へ所有権移転問題と過去の大きな負債の取り扱い、今後の水道職員の取り扱いなど再公営化までの課題は山積みである。筆者からすると安すぎる水道料金改定がなければ、誰が経営

しても難しいと思われる。

3．日本、改正水道法案…国会に再上程予定

先（2017年）の国会で審議未了だった水道法の改正案が、再上程される予定である。その骨子は広域連携、適切な資産管理、官民連携の推進である。特に注目されるのは官民連携で、水道施設の運営権を民間事業者に設定できる仕組みを導入することである。特に改正案ではPPP／PFIを推奨しており、各事業体へコンサルを入れ検討するように求めている。

この改正案には日本の大企業や海外の水メジャーや海外の投資家集団が大きな関心を示している。日本の水道料金収入（年間）は約2兆3千億円で魅力的であるが、しかし全国1,381水道事業者の33％が原価割れ（厚生労働省発表）、公営企業年鑑（総務省）では52％が原価割れであり、このままでは政令都市しか生き残れない状況に追い込まれている。世界民営化の流れの中で国民の命を守る日本水道の永続性をいかに確保するか、これからが関係者の知恵の絞りどころであろう。

23 比・ボラカイ島リゾート下水問題で強制閉鎖

―下水道情報（2018年6月5日発行）―

フィリピンのドゥテルテ大統領は世界的に有名なリゾート地・ボラカイ島（2018年）を4月26日から半年間閉鎖しすべての観光客を締め出すことを命じた。島内では、500以上のホテルや観光施設から無処理の下水・汚水を海へ垂れ流す違法行為が横行し、その結果、島周辺は「汚水のたまり場」と化している。同大統領は以前から「ボラカイ島は汚水のたまり場」と汚水管理の不手際を非難し、閉鎖も示唆していた。剛腕で知られるドゥテルテ大統領の直命によるボラカイ島の期限付き下水問題解決に世界の注目が集まっている。

1．リゾート地閉鎖に機動隊を配備

26日からフィリピン政府はボラカイ島に小銃を携帯した機動隊員約600人を配備し、観光客の立ち入りを禁止した。さらに島内の不満分子の取り締まりに138人の警察隊を増強し、島の海岸から3km以内の海域への船の進入も禁じら

れた。

突然の大統領命令によるリゾート地の閉鎖には、当然のことながら反発する声も出ている。島内組織「ボラカイ団結」や観光組合（TCP）、商工会議所は、強制的な閉鎖手段を取らなくとも、住民自身が島の再生や再建に当たることができると主張、島からの観光客排除は、島で働く住民の生活を破壊し、国の観光政策を苦境に陥れ、さらにフィリピンの世界的な評判を損ねると強調している。ワンダ・テオ観光相はテレビのインタビューで「半年間、島を完全閉鎖し、900以上の違法建築物の撤去・処分、廃棄物管理の改善、下水や汚水システムの改善や拡張に取り組み、迅速に清掃し半年後にリゾート地を再開したい」と述べた。

2．ボラカイ島は貴重な観光資源

ボラカイ島はフィリピンにとり貴重な観光資源で、パナイ島北西

部に浮かぶ長さ7kmの細長い島である。4kmに及ぶ白砂ビーチと透明度の高い海が有名で、世界の最良ビーチ・コンテストでも常に上位に選ばれている。昨年（2017年）島を訪れた観光客は約200万人に達し、その経済効果は560億ペソ（約1,156億円）と試算されている。

3．水質汚染問題

トロピカル・ビーチ・ハンドブックで「世界最高のビーチの1つ」（1990年）と称され、その後ボラカイ島には、電気と水道がパナイ本島と繋がり、国際的な観光地として発展していった。有名になるに連れ、急増する観光客の受け入れで無秩序な土地開発、違法な建築、用途規制の無視が横行し、

特に汚水の垂れ流しや廃棄物問題（丘陵部にはごみが山積み）など環境問題が深刻化していた。リゾートを代表的する全長4kmに及ぶ白砂「ホワイトビーチ」は島の西側にあり、住宅やホテル、商業施設の95％が西側に集中している。

●水質汚染の実態

下水や汚水の放流先は、島の東側でウインドサーフィンやカイトボーディングの人々が来る「ブラボッグビーチ」で浜辺には多くの下水放流管がみられる。今年（2018

フィリピン・ボラカイ島位置

ボラカイ島　ホワイトビーチ

年）の２月、同国の環境天然資源省は、汚水を適切な処理なしに放流している51の施設に「水質浄化法違反の疑い」で警告を発し、早期是正を求めていた。同国の環境管理当局の報告では、西側ホワイトビーチでの糞便性大腸菌群は基準内であり安全だが、下水放流先の東側海岸では基準より高く海水に直接触れないマリンスポーツを推奨している。だが現地の水専門家の話では、この水質分析は月１回のサンプリングで、しかも海岸から100m離れた場所で採水しているので当てにならないと指摘している。現実、多くの観光客からは、海岸道路を歩くと波打ち際が臭い、海水はブルーならぬグリーン（青潮の発生）だ、海に入ったらヒリヒリ（藻類の毒）したとの報告が相次いでいる。

４．水道施設と下水処理

　同島の水道水供給と下水処理は2009年にマニラウォーターとジョイントベンチャーで設立したボラカイウォーターが運営している。地元政府と25年間のコンセッション契約であり施設の運営、メンテナンス、リハビリテーションを担当、１日の給水量は約６千㎥で、１ヵ所の下水処理場を管理している。同契約時の対象観光客数は最大100万人、地元住民は３万人であり、契約条件の２倍の観光客が押し寄せているのが現状である。同社はボラカイ島の水環境改善のマスタープランを同国中央政府や地元政府に提出しているが、未だに予算の目途が経っていない。

５．日本の貢献策は

日本国による対フィリピン向け政府開発援助（ODA）はドナー国の支出ベース（2014年実績）で世界最大の援助国（473億ドル）となっている。

● **下水問題を短期に解決するには、日本が世界に誇る浄化槽が最適**

日本の浄化槽技術は90年以上の技術の蓄積があり、日本国内の浄化槽利用人口は1,124万人（2014年、環境省）である。パッケージ型・大型合併浄化槽（FRP製）に関しては、既に高濃度の栄養塩類を除去できる担体流動性生物活性汚泥法や、高度処理として水処理膜を適応した膜分離式活性汚泥法が開発され、多くの実績を有している。パッケージ型大型合併浄化槽（例：フジクリーン製7,200人槽、360㎥／日）の現地据え付け工事は1～2週間で完了し、地元の雇用や地域の活性化に貢献できるだろう。さらに個別の浄化槽にICTを応用すれば、流量や水質をスマホでも管理ができる。また浄化槽からの発生した余剰汚泥も日本の誇る無臭バキューム車で収集運搬しコンポスト化（肥料化）することにより野菜（現在、全量を輸入）の栽培や緑地の拡大に寄与できる。

アジア・オセアニア地域には、同じような課題を抱えているリゾート地はたくさん存在する。

例えばインドネシアのバリ島、筆者は20年ほど前に行ったが、その当時から汚水問題があり、最近はごみ・廃棄物問題に直面している。タイでは古くからパタヤビーチやプーケット島の汚水問題、マレーシアではペナン島、モルジブもしかりである。日本はフィリピンの有名なリゾート地セブ島の水道施設や廃棄物処理に関し2007年から資金援助してきたが、相手国政府の動きが遅く、目に見えるような環境改善にはなっていない。今回（2018年）はODA緊急支援基金を活用し、世界に誇れる日本の浄化槽技術を持って短期決戦で水質改善をしよう。日本の浄化槽技術は水質問題の解決だけではなく、現地の雇用の促進や新産業創造にも貢献できるだろう。今回（2018年4月）のドゥテルテ大統領の直命「ボラカイ島の下水道問題を短期に解決せよ」は、日本にとり、世界から注視される国際貢献であり、また大きなビジネスチャンスでもある。

24 台湾で愛される日本の土木技師・八田與一

—下水道情報（2018年7月3日発行）—

八田與一。土木水利関係者なら誰でも知っている人物である。1910（明治43）年、東京帝国大学工学部を卒業し日本が統治していた台湾に渡り、衛生事業、上下水道の整備、さらに発電・灌漑事業を推進、特に八田が力を入れたのが、1920（大正9）年から10年間かけて完成させた、「烏山頭ダム」と嘉南平野の灌漑用水路である。100年の時を超えて台湾の人々に愛される八田與一を紹介したい。

1. 台南市で没後76年記念慰霊祭

八田與一没後76年記念慰霊祭が命日（5月8日）に合わせ烏山頭ダムで挙行された。昨年（2017年）は不幸な出来事（銅像の頭部が切断されたが、台湾の関係者の懸命なる努力で修復し、命日に間に合った）があり、今年（2018年）は厳重な警戒網が張られた。

約300名の参列者を代表し、頼清徳・行政院長（日本の首相に当たる）が献花を行った。その挨拶の中で頼院長は「1930年に完成したアジア最大の烏山頭ダムにより、雲林、嘉義、台南地区の水田灌漑が整備され、米の生産量が大幅に引き上げられ農民に大きな恩恵をもたらし、台湾の経済発展を助けた。また台南市は昨年（2017年）末から雨量が少ないが、この烏山頭ダムのお陰で水田への灌漑や民生の水不足などの問題が解決されている、台湾国民および台南市民は70年以上にわたり、心から八田氏の貢献に感謝している」と述べた。

この日、台南農田水利組合、農業関係者など多くの人が銅像の前に花を手向け、八田與一を偲んだ。慰霊祭には日本訪問団として孫の八田修一氏ら親族および八田與一の出身地である金沢市の丸口邦雄副市長も駆け付けた。烏山頭ダムを望む八田與一の銅像の周りは多くの献花で美しく囲まれていた。

2. アジア最大の烏山頭ダムの建設方法

烏山頭ダム　旧放水路

想のユニークさゆえに「大風呂敷の八田」というあだ名もあったが、このダム工事でも、その独創性が遺憾なく発揮され、誰も考えなかった手法が多く採用された。

大正の初め、現在のような大型建設機械が全くない中で、貯水容量1億5千万㎥といわれる巨大ダムをどうやってつくったのか。八田與一・弱冠30歳は独創の人であった。そのスケール感の大きさ、発

烏山頭ダム　堤防

献花で囲まれた八田與一の銅像

●世界最先端のハイテク土木機械を導入

今から100年前、土木工事は、とにかく人力であった。人力では時間がかかり過ぎる。八田は、まず米国に飛び米国製大型土木機械を導入（パワーショベル7台、エアーダンプカー100台、巨大ポンプ5台など）。もちろん日本初の重機械による施工であった。また物資輸送や人員輸送のためにベルギー製の蒸気機関車12台を導入、工期の短縮を図った。台湾総督府から「金がかかり過ぎる」とクレームがきた。当然である、台湾総督府の年予算5千万円を超えたのが烏山頭ダム予算(5,400万円)であった。

しかし八田はダムの早期完成によるメリットとして、①工事が長引けば15万haの土地は不毛のままで金を生まない、早ければ早い

ほど金（農作物）を生み出し台湾と日本の食料事情を改善する、②購入した重機械は、他の工事でも使える、そして機械を使える人間が育ち、日本にも土木機械をつくる会社が生まれる、などを熱く語り、粘り強く説得したのであった。

ダムの築堤に当たっても独創性が発揮された。堤中心にコンクリートを打設し、その周辺に積み上げた粘土と土砂に高圧水を噴射、内部にしみ込んだ粘土層により遮水する「セミハイドロリックフィル工法」を採用した。これも世界に例を見ない大規模の築堤工事であった（堤全長1,273m、堤高56m）。

●大きな人の輪つくり…工事現場に家族用宿舎や学校、病院、駅を建設

與一は「良い仕事は、安心して働ける職場環境から生まれる」と

ベルギー製の小型蒸気機関車

工事現場に家族宿舎（約200棟）や病院（健康診断、工事中のケガ対応、マラリア蚊対策）、共同浴場、子供たちが学べるように学校も建設。さらに働く作業員のために娯楽設備、商店、駅までつくった。最盛時には作業員2千人が工事に従事したといわれ、與一は日本人、台湾人を差別することなく「大きな人の輪」で難工事を遂行した。

3．灌漑用水路建設…水路延長1万6千km

嘉南平野は台湾の中でも広い面積を持っていたが、灌漑が不十分で、この地域の15万ha（香川県の面積程度）の田畑は常に「干ばつ・洪水・塩害」の危機にさらされ、もちろん安全な飲み水にも事欠いていた。烏山頭ダムと灌漑用水路の完成により、嘉南平野はわ

1920（大正9）〜1930（昭和5）年に布設された送水鋼管

ずか3年で台湾最大の穀倉地帯となり嘉南の農民の生活を一変させた。八田與一の功績は嘉南60万の農民の心に刻み込まれ「嘉南大しゅう（水路）の父」と呼ばれるようになった。つまりアジア最大のダムと灌漑用水路を早期に完成させるために、與一は全知全能を傾けたのであった。

4．八田與一記念公園区（台南市）

1946（昭和21）年12月15日、嘉南の農民たちにより八田與一夫妻の墓がその地に建立された。2001（平成13）年には「八田與一記念室」が完成、そして2011（平成23）年5月8日、記念公園区のオープンには馬英九総統、日本から森喜朗元首相、八田氏の遺族を含め台湾全土から多くの人々が参列し、八田與一の功績に感謝の意を捧げた。記念区の中には、烏山頭ダム建設時の宿舎（4棟）が再現されている。

5．ダムを守り続ける台湾の人々

筆者の訪れた（2018年）5月10日は、普段は公開されていない湖底の導水管隧道の見学も許され、ダム管理の責任者である陳政聡所長の案内でダム内部を視察、今から100年前に設計、施工された導水管（直径2.7m、2条）の素晴らしさに感動した。陳所長は「我々の使命は、八田與一が台湾のために建設してくれた、このダム施設を守り続けることです」と語ってくれた。記念公園区の入り口には、台湾の人々から敬愛されている八田與一に因み「八田路」の道路標識が掲げられている。こうした八田の功績は、日本人は忘れてしまったが、しかし台湾人は100年の時を超えても忘れず毎年、八田の慰霊祭を開いている。これに限らず台湾に渡った日本の先人による歴史的な営み（教育制度、インフラ構築など）を、未だに高く評価してくれる台湾の人々の心に感動し、感謝したい。

陳政聡・ダム管理所長（左）と筆者

25 インドの水資源と水ビジネス事情

—下水道情報（2018年7月31日発行）—

1．インドの水資源問題

インドの面積は世界の2％しかないが世界人口の15％はインド人。しかしインドは世界の水資源の4％しか保有していない。インドの水（表流水、地下水）は8割が汚染されている。世界で最も劣悪な水を飲まざるを得ない国である。

水資源、インド全土の年間降水量は約4,000km³であるが、雨季（6～9月）の3ヵ月間に集中し、利用可能な水源は690km³しかない。また降水量は各州により大きく異なっている。地下水汚染も深刻である。同国の地下水汲み上げ量は、2014年現在で251km³、G20加盟国の中で最も多く、2位の中国の2倍以上である。過剰汲み上げで水位が急激に低下していると同時に水質汚染が進み、処理なしでは飲用不可である。同国の調査（2014-2015CGWB）によると有機物汚染（BOD、COD他）に加え、フッ素

汚染（20州で276ヵ所）、ヒ素汚染（10州で86ヵ所）、重金属汚染（15州で113ヵ所）、鉄汚染（1.0mg/ℓ以上、24州で297ヵ所）も深刻である。6月には米国の調査チームから16州での地下水ウラニウム汚染（WHO基準：16μg/ℓ）地区が37ヵ所あると警告されている。

2．インドの水ビジネス市場

英国の調査会社などのデータによると2,400億ルピー（約4,080億円、2018年）とみられ、浄水処理（生活用水、工業用水、浄水場）と排水処理（下水処理、産業廃水処理、再生水処理）で各々2千億円前後、水処理膜市場（RO、UF、MF膜）は193億ルピー（約320億円）とみられている（フロスト＆サリバン調査）。

相対的には今後数年間（2018-2023年）で10～15％成長すると見込まれている。しかし、この中で公共（国または州政府）がやるべき水インフラ関係の市場が期待

アンナ大学（チェンナイ市）で講演（筆者）

できない。なぜなら国に資金的な余裕が全くない。その理由は、統計に載っているインド人口12億5千万人のうち、約1,900万人（国民の1.5％）しか直接税（所得税）を納めていない。年間所得25万ルピー（約42万円）以下には所得税が課税されない、インド国民の9割以上が、この所得水準である。

2014年に発足したモディ政権はインフラ投資には国際金融機関や先進国政府の援助資金、外資系企業の投資を働きかけている。日本政府からインド政府への円借款は総額3,841億円（2017年）を超え、一国に対する日本の供与額として過去最高を更新している。

しかし、その投資先も高速鉄道、通信、エネルギー（原子力）が主であり、水インフラは最後である。

今、水ビジネス関係で伸びているのは、民間企業によるボトル水販売で2014年の約340億円市場が2018年には3倍以上の1,100億円に達するとみられている、それに続くのは産業廃水処理、水の再生水処理などである。インドの水処理プラントビジネス市場で活躍している企業、外資系では水メジャーのスエズ、ヴェオリア、国内大手企業ではDoshilon、Driplex、Themax、Va Tech社などで、彼らが市場の約30％を占め、600社以上の国内中小企業が残り70％を抑えている（シンガポール・シンシア調査）。

3．第5回ウォーターインディア2018EXPO視察

ウォーターインディア2018　EXPOが5月23日から3日間、インドの首都ニューデリーのコンベンションセンターで開催された。

●水EXPO会場

水EXPOの会場では、東南アジアの展示会にみられるような、水の

浄化システム・機器展示、関連する膜処理技術、海水脱塩などは、全くみられず、インドの誇るITを水管理に応用した展示のみが目立った。ブースで際立ったのはインド3大財閥のタタ・グループである。タタ・グループは自動車、鉄鋼、IT、電力を主体とした企業（売上11兆4千億円（2017年）、従業員66万人）が本格的に水事業に乗り出してきている。タタ・グループのプロジェクト責任者によると、現在の水に関する事業は次のように展開している。

・ＩＴによる水資源管理
・ガンジス川の浄化・保全
・下水処理場の建設
・スマート・シティ計画での水の
　総合管理
・ボトル水の販売

　その他、安全な飲料水をリモートエリアに供給できる5㎥/時能力の小型浄水装置、ソーラーパネルを搭載したRO／UF膜使用の小型浄水装置、トラック搭載型（山間部、水災害地対応）ＲＯ膜使用浄水装置などを扱っている。

4．日本の水ビジネスチャンスは

　残念ながら、インドではスズキ自動車以外、日本の技術は、ほとんど知られていない。前述のように公共の上下水道整備も、政府にその資金がなく水インフラの構築は海外の援助資金に頼っている。また民間向けには、工場排水処理や再生水ビジネスがあるが、主体となる水処理膜の価格も、中国製と思われ価格は日本の1／3程度、組み立てコストも日本の1／5である。従って日本製品を売り込むのは無理である。

●日本の水戦略は

　インドの特徴である「格安で高度に集積された水に関するＩＴ」を持つ企業と組み、日本勢は世界市場、特に東南アジアの水ビジネス拡大に取り組むのが最善と思われる。

　さらにR＆D拠点としてのインドの大学・研究機関の活用である。

　インドには優秀な人材が多い、どんな国にも人口の0.01％は天才的な人材がいるといわれている。人口母数の多いインドはＩＴ産業などで実証済みである。アメリカのＩＴ産業はインド人で成り立っているともいわれている。インド工科大学マドラス校、アンナ大学、ヒンドスタン大学では産官学の連

携がホットである。特にインド工科大学のリサーチパークでは世界260企業と提携している。

5．さいごに

インドは地政学的に優位で中東や中央アジアに近く、日本やアジア諸国にとり、重要な交通路である。またインド（印僑）はアフリカ諸国に大きな影響力を持っている。そのため日本にとりインドと友好的な関係を持つことは極めて重要である。インド向け水ビジネスはこれからであるが、相手のニーズ、要求度合いを確かめつつインド企業や大学と共同歩調をとり、逆に彼らの強力なプレゼンス能力を活用し、インド国内市場やアジア諸国、アフリカ向け水ビジネスを新規開拓する時が来ている。

タタ・グループのブース

ウォーターインディア EXPO 展示会場

タタ・グループのインフラ責任者と意見交換

―下水道情報（2018年12月4日発行）―

　今国会（2018年12月）で「改正水道法案」が審議されている。その焦点は①広域連携の推進、②官民連携の推進、③適切な資産管理であり、問題となっているのは②官民連携で市町村が民間企業に運営権を設定できる仕組みの導入であり、いわゆる公設民営（コンセッション）が中心である。コンセッションとは料金徴収を伴う公的施設「高速道路、空港、上下水道など」について、所有権を公的機関に残したまま、事業運営を民間事業者に付与するスキームのことである。民間資金を活用して水道事業を運営することになるため、水道民営化の先鋒とみられており、改正水道法案について「賛成派と絶対反対派の主張」で話題が沸騰している。では、国レベルで上下水道民営化を進めて29年経過した英国は、その後どうなっているか。最新情報から、今後迎えるだろう「日本の水道民営化問題」について俯瞰してみたい。

1．英国の上下水道民営化

　1989年サッチャー政権は電力、通信、上下水道の民営化を積極的に進めた。英国（イングランド・ウェールズ地域）の水事業は10の上下水道会社および12の水道会社の計22の民営事業会社により行われた。サッチャー政権は民営化に取り組む際「民間会社は当然利益を追求しサービス低下や料金値上げを招く」として、その懸念に歯止めをかける仕組みを整えた。

2．民間水道事業者への監督機関と仕組み

　22の民間事業会社に対し規制を行うのが①水道事業規制局（OFWAT）、②飲料水質監督局（DWI）は水質について事業体を監督し規制する役割、③水道顧客審議会（CC・Water）は水道使用者の声を代表する機関で、苦情を集約し事業会社に伝達し、苦情の70％を20日以内に、85％を40日以内に処理

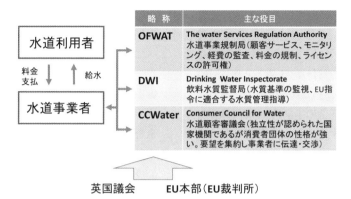

略　称	主な役目
OFWAT	The water Services Regulation Authority 水道事業規制局（顧客サービス、モニタリング、経費の監査、料金の規制、ライセンスの許可権）
DWI	Drinking Water Inspectorate 飲料水質監督局（水質基準の監視、EU指令に適合する水質管理指導）
CCWater	Consumer Council for Water 水道顧客審議会（独立性が認められた国家機関であるが消費者団体の性格が強い。要望を集約し事業者に伝達・交渉）

英国の民営化水道事業の枠組み

解決する役割を担っている。中でもOFWATの役割が注目された。OFWAT設立時の職員数は約200名で水道会社に対する経済的な規制機関である。その権限は料金の設定上限（プライスキャップ）の策定、事業計画の予算査定と評価、パフォーマンスの評価（決算評定）、事業ライセンスの認定、競争性の確保と多岐にわたっている。

監督機関として完璧と思われたOFWATだが、設立当初からその動きは悪く、英国議会からたびたび指導勧告を受けていた。例えば2007年、英国下院の傘下にある公共会計委員会はOFWATに「指導勧告」を行った。民間事業者で最大のテムズウォーター（ロンドン広域圏で事業）に対し「OFWATは監督指導の権限を果たしていない、怠慢である」と糾弾されていた。具体的にはテムズは①水道メーターの設置を積極的に進めていない、②2000年以後、漏水対策の目標を一度も達成していない、③水使用量データは信頼できないがOFWATは改善策を求めていない。また勧告している英国議会自身もEU本部（EU裁判所）から「OFWATへの管理監督不行き届き」でEU指令に基づき改善指導命令を受けていた（2012年）。

3．テムズへ罰金120百万ポンド（約180億円）…OFWATから支払い命令

2018年6月OFWATはテムズに対し罰金（約180億円）支払い命令

143

を出し、テムズはその支払いに合意した。その理由は年次報告書（2016／2017）で約束した漏水率の15％改善目標（1億7千万㎥/年）を達成できなかったからである。

また罰金の半額約90億円は顧客に返還することにも合意した。その和解案としてテムズは、今後2億ポンド（300億円）を投入しビクトリア時代に布設された水道管を更新する計画を打ち出している。

しかし道のりは険しい。特にロンドン地区の配管本管は老朽化が激しく、布設後100年以上経過したものが1／2以上、さらに全体の1／3は150年前以上のビクトリア王朝時代に布設されたものである。漏水率は25～40％（無収水率を含む）であり、いつ破断してもおかしくない状態に直面している。さらに水道メーターが設置されている世帯は、わずか28％（2007年）から約40％（2017年）と遅々としたメーター設置状況である。水道メーターのない消費者への水道料金は固定制であり、水を有効に使おうとするインセンティブが全く働いていない状況である。つまり消費者にしてみれば固定料金を払えば水は使い放題で

ある。テムズにしてみれば、民営化前の「官の無為無策のツケをすべて被らせられた」状況である。

●下水処理でも罰金

テムズは下水処理でも多額の罰金を支払っている。テムズの運営するベクトン下水処理場から年間3,900万㎥の生下水をテムズ川に放流した水質汚染の罪である。2017年3月、テムズ川の水質汚染でバッキンガム州のアリスバーリー刑事法院から20百万ポンド（約30億円）の罰金、さらに同年6月にOFWATより8.5百万ポンド（12億7,500万円）の罰金などが科せられている。

「OFWATよくやった」と称賛したいところだが、冷静に考えるとテムズ社や規制機関が長年かけた査定作業や報告書つくりにかけたコストは、最後はすべて上下水道料金値上げに跳ね返ってくるのである。

4．日本の水道民営化に向けて

まずは日本の上下水道事業の現状を直視しなければならない。山積みの課題を解決するためには「国民の命を守る上下水道事業は、誰

PR	Price Review
	5年ごとに各会社から提出される事業計画を基に料金の上限値を査定する。各社の経営に重要な影響を及ぼすために1回のPRにつき2年程度を要する。
KPI	Key Performance Indicators
	水道事業者の義務として「リスクおよび規制遵守に関する報告書」を作成しOFWATに提出（年1回）。業務実績評価としてKPIを用い、事業者は関係者（顧客、規制機関、投資家など）に公表する。
SIM	Service Incentive Mechanism
	2010年より導入、水道事業者のサービスレベルを定量的に数値化した指標で、点数が低い場合は事業者にペナルティ（罰金）を科すことができる。

OFWATによる規制の枠組み

がやっても料金を2～3倍に上げなければ成り立たない事業である」今、その値上げ幅をいかにミニマムにするのかである。

政府がもくろむコンセッション方式にしても、今まで官側が極力避けてきたファイナンス力（20～30年の契約期間の資金調達力と履行能力）、さらに相互のリスクマネージメント能力（特に巨大災害時の対応策など）が問われている。つまり上下水道事業に長年の経験がありファイナンス能力のある大企業しか参加できない構造である。水メジャーのスエズが再上陸してきたのも理解できる。日本版コンセッションの導入に当たっては英国の仕組みを参考にして日本独自の視点（水災害、地震対策、人口

減少による統合・広域化など）を織り込み、必ず独立した監査機関を構築すべきであろう。

●水みらい広島方式に学べ

給水人口が少ない自治体は、コンセッションの対象にならない。最近注目されているのは、「水みらい広島」方式である。水処理大手・水ing（65％出資）と広島県（35％出資）で設立された水道事業会社である。県の出資でガバナンスも確保し、自治体に信頼感を与えている。その経営方針は「地域と共存共栄し、水の未来を創造する」である。2012年設立で現在社員は約160名、ほとんどが地元採用者であり、先（2018年7月）の広島豪雨災害には、東京本社の支援を受け24時間体制で臨み、浄水場の復旧はもちろん、被災地での給水作業も行い呉市や三原市から感謝されている。また「水みらいカップ少年野球大会」も第3回を数え、若者への水の啓蒙と地元貢献にも尽くしている。

27 米・フロリダ州で「過去10年で最悪」の赤潮被害
～下水処理不備も一因か～

—下水道情報（2019年2月12日発行）—

米国フロリダ州で、過去10年間（2009-2018年）で最悪・最長の赤潮被害が発生した。イルカ、ウミガメ、マナティーなど数百tの海洋生物の死骸が回収された。米国海洋研究所でその詳細を調査中だが、この事態を受けて同州のリック・スコット知事は7つの郡に非常事態を宣言した（2018年8月）。現時点では赤潮が原因と推測されている。この赤潮は、メキシコ湾に生息する単細胞微生物「カレニア・ブレビス」によって引き起こされ、増殖中に強力な神経毒を水中や空気中に放出し、海洋生物だけではなく、頭痛や涙目、咳、喘息など海岸線の住民の健康にも影響を及ぼしている。

1. 神経毒を出す単細胞微生物「カレニア・ブレビス」

カレニア・ブレビスは海洋性の渦鞭毛藻類の一種であり、神経毒ブレベトキシンを出す有毒渦鞭毛藻である。単細胞の植物プランクトンで細胞の形状は扁平であり、2本の鞭毛により水中を回転しながら遊泳する。細胞内に葉緑体を持っており、光合成を行う独立栄養生物である。世界各地の沿岸域に分布し、日本近海でも確認されているが、特にメキシコ湾やフロリダ近海に多く存在している。大量発生した場合、その毒素により海洋生物や海鳥の大規模斃死を引き起こしている。

人間にとっても有害で、その神経毒は筋肉を異常に収縮させ、免疫システムに影響する。藻を取り込んだ魚を食べるのは危険で、通常の調理方法では解毒できない。さらに問題なのは、この生体毒ブレベトキシンは煙霧質化しやすく、波が藻を分解するので、藻の毒が空気中に放出される。それを吸うと呼吸器系に影響を与え、目、鼻、のどがヒリヒリ、チクチクしたり、咳が出たり呼吸がゼイゼイしたりしてくるなど、人への健康被害をもたらしている。州政府は海岸に

146

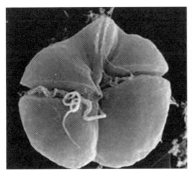

単細胞微生物「カレニア・ブレビス」
（出所：Florida Fish and Wildlife Conservation Commission）

2018年8月、延べ320kmの海岸線に押し寄せた赤潮（出所：アメリカ海洋大気庁（NOAA））

近寄らないよう警告している。さらに最近の研究によると、カレニア・ブレビスだけではなく、有毒な藻類「シアノバクテリア」も増殖しており、これらも複合汚染を助長しているかもしれないと専門家らが指摘している。

２．海洋生物被害

あまりにも生物被害が多く、フロリダ西海岸線は悪臭で充満している。特に海の人気者とされているマナティーの死亡数は、フロリダ州野生生物保護局によると過去最高であった2010年の766頭を超えることが予想されている。

３．観光業に大きな打撃

通常ならフロリダ州は、ディズニー・ワールド、ユニバーサルスタジオ、200を超えるゴルフ場、素晴らしい眺めを楽しめるサラソタ湾などの観光客で賑わいをみせ、2017年は米国1位の観光客数（約7,200万人）を誇った。

しかし2018年の夏は、同州西海岸は腐ったような臭気に悩まされた。赤潮ニュースが広がったことで、予約をキャンセル、予定を変更する観光客が多くなり、その影響は当分続きそうだと懸念されている。州当局は海岸に続く道の何百箇所にも「健康への被害」の警告板を立て、海に近づかないよう警告している。

４．ハリケーンと赤潮の関係

赤潮を防ぐには主原因と思われ

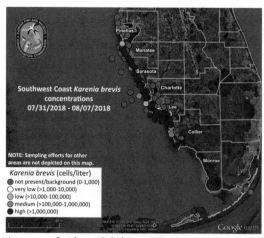

カレニア・ブレビスの濃度変化（夏季：2018年7月8〜31日）
（出所：Florida Fish and Wildlife Conservation Commission）

回2017年10月から連続して2年にわたり発生している赤潮は、320kmに及ぶ海岸線を汚染している。

5．赤潮の原因は…腐敗槽（セプテックタンク）も一因

主な原因としてハリケーンによる汚染水排出の影響、地球温暖化の影響とかいわれているが、毎年変化する赤潮のデータを比較検討中である。巷の噂で最も有名なのは、第二次世界大戦終結後、米軍が大量の化学兵器（毒ガス、毒物化学物質）をメキシコ湾に大量投棄し、その毒成分が微生物により生体濃縮され、食物連鎖が始まった説。

最近、最も有力なのは、フロリダ州内の河川の栄養塩類（富栄養化）濃度が、過去30年間で倍増、特に肥料成分が影響を与えているという説である。ではどこから栄養塩類が放出されているのか。同州の環境保護局（DEP）によると農耕地やゴルフ場から年間、窒素として4万4,700t、リンは9千t

る栄養塩類を海に入る前に除去することであるが、下水処理場に入る汚水成分は、かなり除去できるものの、平野や農場からハリケーンによる雨水（洪水）とともに排出される排出源（ノンポイントソース）は対策が難しく、海に直接放流されている。例えば2004〜2005年にかけフロリダは多くのハリケーンに襲来され、平地や農地の多くの栄養塩類・肥料などが湾に放出された。その影響により2005年の赤潮被害は17ヵ月にわたった。また2017年の大型ハリケーン・イルマではさらに大量の栄養塩類をメキシコ湾に流入させ、今

流出と試算しているが、問題はセプテックタンクである。

6．セプテックタンク

同州の公共下水道は4,100ヵ所あり、下水道普及率は約75％（全米平均数値と同じ）である。従ってフロリダ居住人口（約2,027万人）の1／3近くはセプテックタンク（BOD除去率約50％）で汚水を処理している。セプテックタンクの総数は約270万台であり、嫌気性発酵後、地下浸透させ処理をしている。つまり敷地内に埋設されているセプテックタンク内の未処理の大量糞尿がハリケーンなどの大量の雨水により、海に放出されていると最近問題になっている（フロリダ浄化槽協会、タンパベイ・タイムズ）。

7．ではなぜ公共下水道の普及率が上がらないのか

公共下水道の負担金は高く、一方セプテックタンク設置費用は約1,500〜1万5千ドルであり、広い敷地を持つ家では簡単に設置できる。法律で義務付けされている維持管理費も一般家庭で年3〜5万円である。

筆者もニューヨーク郊外に住んでいた時に、近くの大邸宅の主人と下水について話したことがあるが、「下水道についての経済合理的な考え方」について驚いたことがある。主人いわく、「下水道を布設すれば都市化が進み、閑静な住宅環境が損なわれる。ひいては住宅価格の下落に繋がる。下水道を布設すれば税金も高くなる。その維持管理費も毎年増えるだろう。セプテックタンクは法律で定められ、敷地内での責任はオーナーにある。敷地内はすべて家主の個人資産であり、個人の責任でやるべきで安易に公共に頼るべきではない」と金持ち論理を聞かされた。

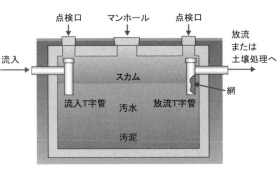

セプテックタンクの構造例
（出所：環境省Webサイト）

28 首都ジャカルタの水没危機
～首都移転に拍車～

―下水道情報（2019年7月30日発行）―

インドネシア政府が、首都をジャカルタからジャワ島外に移転する計画を明らかにした。移転理由は世界最悪といわれる交通渋滞だけではない。地下水の過剰汲み上げで地盤沈下が加速し、2025年までにジャカルタ市内の一部は5m沈下し、地球温暖化による海面上昇と異常潮位の高まりで首都水没の危機を迎えている。19年4月末の豪雨によりジャカルタ市内は交通がすべて麻痺し、大きな経済損失を被っている。地下水の過剰汲み上げと海面上昇により、2050年までにジャカルタ北部の95％は海に沈むという試算も出ている。

1. 違法な地下水汲み上げが地盤沈下を加速

首都ジャカルタは急激な経済発展と人口の流入（首都圏人口約3,200万人、2018年推計）により、上下水道インフラが追い付かず、また水道料金の支払いを逃れるために、違法な地下水汲み上げが横行しジャカルタ市民の約60％が地下水利用で暮らしている。地下水位の異常な低下により、既に市内の大きな建物に構造的な歪みが発生し、クラックが入り、建物は傾き、低層階は道路よりも低くなる現象が起きている。現在でもジャカルタ市街地の半分は、海抜ゼロm地帯になっている。さらに過剰汲み上げにより地盤の不等沈下が引き起こされ、大規模な「くぼ地」が発生、雨が降っても海に流れない状態である。

このような状態で高潮が来れば、首都は瞬時に水没する。2007年のモンスーンがもたらした豪雨により、首都の半分は水没、その被害額は5億ドル（約550億円）を超えた。バンドン工科大学の調査では「北ジャカルタでは、この10年間（2010-2019年）で2.5m地盤沈下」と報告している。また2015年に国連と世界銀行が行った気候変動に関する政府間パネル（IPCC）の発表では、ジャカルタの大半が

海面下に水没するのは2025年と予想、海水が現在の海岸線から内陸部へ約3km流入し、商業地区の大半がマヒし、数百万人が避難する事態になると警告している。その地下水の水質も問題である。

2．地下水の汚染…すべての井戸で基準値を超えた大腸菌群検出

地下水の水質について、全国的に計画的なモニタリングは行われていない。しかし井戸水が生活用や飲用に利用されるために、既存の生活用井戸を用いた地下水調査が、多くはないが存在している。

1）井戸水汚染調査

2014年度にジャカルタ市環境局が行った井戸水汚染調査（SLHD,

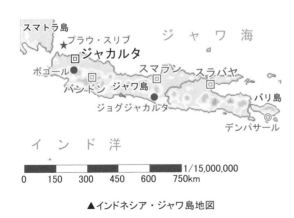

▲インドネシア・ジャワ島地図

DKI Jakarta 2014）では、市内全域で150井戸が調査され、すべての井戸から基準値超過の大腸菌群が検出された（飲用水、大腸菌基準値、MPN／100mℓで1千以下）。いずれの井戸も深さ10〜50mの浅層地下水である。洗剤成分（MBAS）、硫酸イオン、COD、亜硝酸性窒素、マンガンおよび塩化物イオンも検出され、一部地域では基準値を超過していた。大腸菌群が検出された主原因は、住民の生活排水・汚水によるものとされ、下水道の整備率（3%弱）が低いことが挙げられている。下水道の整備は、「ジャカルタ市5ヵ年開発計画」の最重要課題の1つとなっているが、遅々として進んでいない。同国の環境年報2014によれば、飲料水として市民の63%は市販のボトル水使用、井戸水利用が20%、水道水が17%となっている。

2）河川水水質調査

ジャカルタ市内には13の河川があるが、河川水質についても水質汚濁が進んでいる。有機性汚濁

負荷の6割以上が生活排水を起原とし、残り3割以上が産業廃水によるものとみられている（JICA、DEMS、2004-2005年調査報告）。その後の同国環境省の環境年報によると、全国の水質環境基準の不適合率は2008年度が64%、2013年度は80%を超え、特に都市地域の河川の汚濁が進んでいると報告されている。

3）湖沼の水質調査

環境省は2013年度の全国6湖沼の水質検査を行い、すべての湖沼は高い栄養塩濃度を示している。これらの富栄養化された水域では、藻類のブルーム（急激で大量の藻類の増殖）が引き起こされ、無酸素水塊が発生し、魚類の生息環境が脅かされている。

3．インドネシア政府の対策

インドネシア政府は、こうした各種予測や警告を受けて、ジャカルタ市内の洪水対策として雨水排除用下水管や排水機場の整備、2014年から既存の防潮堤のかさ上げや、さらにオランダ政府の主導でジャカルタ沖に巨大な防潮堤や堰の建設を進めることを決めたが、予算難で進んでいない。

日本政府も2017年、国際協力機構（JICA）が同国の公共事業・水資源総局との調査協力「ジャカルタ地盤沈下対策プロジェクト」に署名し、2020年までに地盤沈下調査や地下水の現状把握、地盤沈下対策のアクションプラン作成などで協力しているが、この間も、地盤沈下は加速している。

下水道対策でも日本政府はJICAを通じ「ジャカルタ特別州下水処理場整備事業・準備調査ファイナルレポート（全247頁）、2013年」で具体的な施策、特にPPPインフラ事業としての展開などを示唆しているが、同国政府、州政府の動きは遅い。

資金難だけではない。ものに動じない国民性もあるのではないか。今までに首都ジャカルタの水没の危機は何度も繰り返し伝えられており、その対策が急務であることを関係者（政府、州当局、市民）は理解、納得はしているが「そんなに心配はいらない」と楽観視していて当事者意識が希薄なことも事実であろう。首都移転の話題は沸騰しているが、具体的な首都移転先の地域名は明らかにされていない。2019年4月29日の同国の閣僚

▲北ジャカルタ・クラパガディン大通りで非難する住民
出所：インドネシア・アンタラ通信（2015 2／11号）

▲ジャカルタ洪水対策用排水機場からの巨大放水パイプ
出所：Romeo Gacad/AFP/Getty Images

会議では「首都をジャカルタからジャワ島の外に移転する方針を決定」した。しかし今まで歴代の大統領による首都移転構想（スカルノ大統領……カリマンタン州へ移転、スハルト大統領……西ジャワ州へ、ユドヨノ大統領……具体的な地名に言及せず）がすべて水に流された経緯があり、国民が冷めた目で見ており、今回こそ首都移転に進むのか、「地下水問題が首都を移転させるのか」世界初モデルとして今後の動向が注目されている。

㉙ナイル川は誰のものか、国際河川を巡る水争い

―下水道情報（2020年7月14日発行）―

エジプトとエチオピアとの「水戦争」が再燃している。世界最長のナイル川を巡り、上流国エチオピアが建設しているアフリカ最大の巨大ダムが完成し貯水を始める構えだ。仮に、このダムが貯水を始めるとナイル川の水位が大きく下がり、流域諸国から経済に大きな影響を与えると「不安と怒り」が寄せられている。ひときわ激しい怒りはエジプトである。長年にわたる水利権の交渉が紛糾し、エジプトは2020年6月19日、国連安全保障理事会に介入を要請するなど、国際河川の水利権を巡る争いに緊張が高まっている。

2013年当時、エジプトのムハンマド・ムルシ大統領は国民に向けたテレビ演説で「わが国はエチオピアとの戦争は望んでいない、しかしエジプト文明と国家を支えてきたナイル川の水量が減少することは絶対に受け入れられない。我々にはあらゆる選択肢の可能性がある」と軍事行動をも示唆する強い

調子で訴えた。

ナイル川はエジプトの水需要の約97％を賄っているだけではなく、流域10ヵ国にとり「水と電力

▲ナイル川流域図

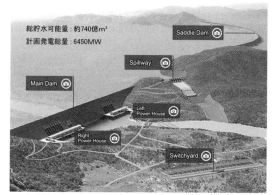

総貯水可能量：約740億m³
計画発電総量：6450MW

Saddle Dam

Spillway

Main Dam

Left Power House

Right Power House

Switchyard

▲ダムの完成予想図（出所：Salini Impregilo S.p.A.）

▲建設中のダム（2019年12月）（出所：BBC.com）

を供給する生命線」にもなっている。「水無くして、国家無し」の概念は国際河川を持たない日本人には馴染みがないが、今や世界の常識である。

1. ナイル川上流の巨大ダム

　ナイル川はアフリカ大陸東北部の10ヵ国を流域に持つ世界最長級

の国際河川であり、長さは6,650km、流域面積287万km²に及び最後は地中海に注いでいる。流域国は下流から、エジプト、スーダン、エリトリア、エチオピア、ウガンダ、ケニア、タンザニア、コンゴ、ルワンダ、ブルンジであるが、ナイル川の源流はどこか、未だに論争が続いている。一般的にはタンザニア、ケニア、ウガンダ3ヵ国にまたがるビクトリア湖（面積6万8,800km²、アフリカ最大で世界第3位の大きさ）とされているが、実はビクトリア湖に流れ込んでいる最大河川はルワンダを源流としている。そのルワンダも上流国のブルンジと源流争いをしている、なぜなら彼らの国境線の一部は河川の中心線である。大ナイル川は白ナイルと青ナイルで構成されており、エチオピアは「ナイル川のほとんどの水量を支えているのは青ナイルで、その源流はわが国のタナ湖（面積3千km²、海抜1,800m）である」と

155

主張している。

●大エチオピア・ルネッサンス・ダム

　建設中の巨大ダムは、「大エチオピア・ルネサンス・ダム」（Grand Ethiopian Renaissance Dam）である。スーダンとの国境に近いエチオピア西部で2011年に建設が始まった。総工費約33億ユーロ（約4,300億円）、堤高155m、堤全長約1.8km、総貯水可能量約740億㎥、計画発電総量6,450MW（フランシス型水車：375MW×16基、アップグレード）で22年からの本格的な稼働を目標としている。このダムはアフリカ最大のダムだけではなく、世界でも7番目の巨大水力発電所となる。

　エチオピアの全国電化率は約30%（2019年、世界銀行調べ）であり、このダムが発電を開始すると、今まで乾季には毎日続く停電が解消され、国民生活の改善はもちろんのこと、同国の経済発展の礎になるのだ。大規模ダムによる発電力の強化は国家の主権であり、「わが国の主権を侵し、水利権をエチオピアに認めない要求は絶対に受け入れられない」との立場だ。つまり人口1億人（2018年、世界銀行調べ）を超えたエチオピアにとり「豊富な水資源の確保は、国家の命運をかけた命の水」なのである。

2．ナイル川を巡る水利権協定の歴史

　1929年、英国の統治下にあったエジプトとスーダンとの間だけで、盟主英国の指導で「ナイル協定」が結ばれた。この協定はナイル川の総水量のうち、65%がエジプト、22%がスーダン、残りの13%は要求があれば、その他7ヵ国により分割取水されるという内容である。さらに30年後の1959年、エジプトとスーダンとの2国間で、エジプトが総流量の75%（555億㎥/年）、スーダンが25%（185億㎥/年）の再配分協定を締結している。

3．水戦争の解決手段は

　ナイル川紛争の特徴は、水需要が下流国（エジプト、スーダン）に集中しており、上流国である水源地域の水需要が極端に少ないことである。特に最下流のエジプトは、国内水需要の97%をナイル川に依存している。本来の農業用水に加えて近年GDP成長率が4%を

超え、しかもカイロ大首都圏人口が2,200万人（この10年間で倍増）を数え、新たな街づくりが急ピッチで進められている。同国の経済発展を支えるナイル川の水資源確保は国家の命題なのだ。仮にナイル川の水が2％減るだけで、農民100万人が職を失うという試算も出ている。

当初は上流国スーダンと下流国エジプトの水利権争いだった。エジプトは先に述べたように歴史上の優位性と国際条約締結の事実、さらに「上流国の水資源開発には下流国の同意が必要」とする、いわゆる「下流の論理」を自国の主張論拠としてきた。

しかし上流国は、逆に「上流の論理」を主張、「上流国の水資源開発は下流国から制約をまったく受けない」とし、常に対立が続いているのが現状だ。また隣国間の取り決めも常に疑ってかからなければならない。エチオピアが巨大ダムの構想を発表した時は、エジプトはスーダンと組み、両国で絶対反対を唱えていたが、突然スーダンはエジプトに反旗を翻し、今度はエチオピア側についた。スーダンは巨大ダムが完成したら、その

発電量の一部をもらい受ける密約が成立したとの観測がささやかれているが、真偽のほどは不明である。

4．さいごに

歴史家ヘロドトスは「エジプトはナイルの賜物」と述べ、ナイル川とともに発展してきたエジプト。そのエジプトの総人口は2020年2月に1億人を突破し、人口大国の一員となった。しかし同時に人口の激増による貧困の拡大、失業者の増加、食糧不足、社会インフラの未整備に直面している。ナイル川の水を止められることは国家の死を導くことになる。急転直下、2020年6月26日エジプトの大統領府は「エチオピア政府が、ダムへの注水を延期することで3ヵ国が合意した、これから技術委員会で具体的な合意内容を目指す」と文章で発表したが、過去の90年間の交渉の歴史をみても、完全合意と履行は難しいと思われる。2015年にも3ヵ国で合意されたが不履行であった。国際河川の水利権問題は、人間が生きている限り永遠に続く課題である。

30 下水で判る、新型コロナウイルス感染症の挙動

―カレント（2020年7月号）―

新型コロナウイルス感染拡大の勢いが収まらない。世界の累計感染者数は712万人を超え、死者数も40万人を超えている（2020年6月9日時点）。欧州諸国では感染増加が緩やかになるが、新興国や中南米、インド、中東では増加傾向が続き、その感染ペースが加速している。このままでは世界三大感染症（エイズ、結核、マラリア）のマラリアに匹敵すると危惧されている（マラリア感染者：約2億1,900万人、死亡者数43万5千人、WHO2018年報告）。

マラリアは92％がアフリカ地域で発生し地域限定型だが、新型コロナウイルスは世界190ヵ国超で発生、グローバルな蔓延拡大が続いている。

一方、新型コロナウイルスの感染ペースが緩やかになった国や地域では、これからの第2波、第3波という見えざる敵の動きを、いかに早く察知し、その対策を取ることが求められている。新型コロ

ナウイルスは不顕性感染（感染したが、発病していない状態）を引き起こすことが知られており、主に発病者のみを対象とする臨床検査では、真の流行を把握することが困難である。

その決め手が「下水中の新型コロナウイルス濃度のモニタリング」である。

下水や下水汚泥に含まれる新型コロナウイルスのRNA（リボ核酸：遺伝情報であるDNAからの転写物質）の濃度を調べることにより、真の感染者数や入院患者数の変化を事前に予測できる可能性が示されており、世界中で「下水から新型コロナウイルスの検知方法」の研究開発が競われている。

1．下水はなんでも知っている

下水にはあらゆる社会情勢や人間社会の動向、個人情報が濃縮して含まれている。2011年、欧州最大規模となった違法薬物調査では、EU11ヵ国でのコカインや大麻の使

用量が判明した。コカインの使用量が最も多かったのはベルギーのアントワープ、大麻最大使用はオランダ・アムステルダムであった。欧州薬物モニタリングセンターは「下水中の薬物評価手引書」を発行し、集団的な薬物汚染の実態を解明している。今回の新型コロナウイルスの検出も、このような研究手法から導き出され、さらにPCR検査機器の性能が格段に良くなったことが研究を加速している。

2．世界中で競争…下水から新型コロナウイルスの検出

　感染症は感染者の特定作業や、濃厚接触者の追跡調査により臨床検査が不可欠であるが、あくまでも結果論である。それに対し感染地域の下水からコロナウイルスRNA濃度のモニタリングにより、その地域での、真の集団的な流行（クラスタ）の現状把握や、これからの流行（第2波、第3波など）を事前に予測し、その地域の検査体制や医療体制の整備拡大、今後の感染予防策の強化や、流行後の緩和策をタイムリーに実施できる可能性を秘めている。特に臨床検査体制が脆弱な地域や発展途上国

では、住民の感染具合の消長が丸ごと判る、「下水の水質分析に基づくコロナウイルス・サーベイランス（調査・監視）」が有効になると期待されている。

1）米国の研究事例

　エール大学の研究チームは、2020年3月19日〜5月1日まで、人口20万人の下水を処理するコネチカット州ニューヘブン下水処理場で、下水汚泥を毎日採取し、新型コロナウイルスのRNA濃度と、この地域で確認されたコロナウイルスの感染者数や入院患者数と比較検討した。その結果、時間差はあったものの、新型コロナウイルス感染症の流行曲線や地域の医療機関への入院患者数と高い相関が認められた。下水汚泥中のコロナウイルスRNA濃度は、新規コロナウイルス感染・陽性者数に変動が起こる7日前に、また入院患者数が変動する3日前に増減がみられたという。【図1】

　つまり、症状が出なくともその地域の住民が感染すると下水中のRNA濃度が増加し感染者の増加傾向を知ることができる、もちろん流行後の陽性感染者数の減少も、

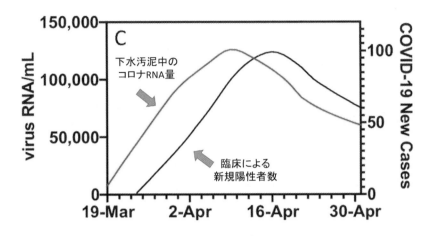

図 1　新型コロナウイルスの流行曲線
下水汚泥中のコロナＲＮＡと新規陽性者数

あらかじめ知ることができ、都市封鎖（ロックアウト）解除の指針になり得るだろう。

　マサチューセッツ工科大学（MIT）の研究チームは、3月18〜25日まで、同州の下水処理場で採取した下水資料を分析し、実際の感染者数は、同州で臨床確認されたコロナウイルス陽性者数より遥かに多い、約11万人の感染を予測している。

2）フランスの研究事例

　フランスのピューリッツァー・センターでは、パリ市下水をサンプリングし、コロナウイルスの流行前後の濃度変化を確認した。それによると下水中のコロナウイルスの濃度が高まると市内での実際の陽性者数が増加することがわかった。これによりコロナ早期警戒システムが構築できると期待されている。

3）豪州の研究事例

豪州では、多くの都市で既に下水から違法薬物を検出するシステムを保有しているが、そのシステムを活用しコロナウイルスのRNAを検出し、感染したおおよその人数を推定できることを公表している。

4）日本の研究事例

日本国内でも5月から日本水環境学会のメンバーと自治体が連携し、東京都、横浜市、川崎市などで下水モニタリングが始まった。目的は、海外事例と同様、下水中の新型コロナウイルス濃度測定法は、無症状感染者から排出されるウイルスも補足できる可能性があることから、臨床検査に基づく感染者数と相関するデータを取集する。東京都は5月13日から芝浦水再生センターを含む都内15ヵ所の下水処理場で下水を採取、横浜市では都築水再生センターおよび神奈川水再生センターの2ヵ所から下水を採取、川崎市は入江崎水処理センターを含む4ヵ所で採取を始めた。集められた下水サンプルは、冷凍保存され東京大学で分析、今後の国内版データ解析が待たれ

ている。

3．さいごに

人類の歴史は感染症との戦いの歴史でもある。その戦いに勝ったのは公衆衛生の要である上下水道の普及であったことは、歴史が証明している。

新型コロナウイルスに対する特効薬（ワクチン）がない今、国民すべてが対処できる処方箋は「水道水での手洗い励行」である。いわばコロナ対策の最大の貢献者は、毎日なにげなく使用している水道であることを忘れてはならない。その水道も危機的な状況（財政難、施設の老朽化）に直面している。

今回のコロナ対策で、医療体制、検査機器の拡充などに大きな予算が振り分けられているが、日常生活を縁の下で支える上下水道事業にも、さらなる予算と光を与えるべきであろう。

日本の動きを見る

㉛ 天皇陛下、水研究の足跡
～水研究のメッセージをご公務に～

―下水道情報（2019年7月2日発行）―

2019年5月1日から新元号「令和」となり皇太子・徳仁親王は、新天皇に即位された。

筆者は、世界水フォーラムについては京都で開催された第3回から第7回まで、また国連で開催された「水と災害に関する特別会合」、さらに「アジア・太平洋水サミット」「国際水協会（IWA）東京総会」など多くの国際会議に出席し、新天皇の「水に関する造詣の深さ」を直接拝聴してきた。誠に僭越ながらここに改めて「天皇陛下の世界に発信し続けてきた水研究の足跡」を振り返って紹介してみたい。

1．国際的な活躍

水問題については、皇太子時代に学習院大学で「中世の瀬戸内海の水運」を研究なされ、さらに留学先の英国オックスフォード大学で「18世紀のテムズ川の水運」を研究、36歳だった1997年には「陸上交通と水上交通が、どのような補完関係にあったか研究を深めた

い」と発言している。それから20年以上も水研究のメッセージを国内外に発信し続けている。国際舞台への転機は第3回世界水フォーラムであった。

1）2003（平成15）年3月に名誉総裁としてご臨席になった「第3回世界水フォーラム」の開会式（京都）において「京都と地方を結ぶ水の道 ―古代・中世の琵琶湖・淀川水運を中心として―」と題した記念講演をなされた。このフォーラムには約180ヵ国・地域から約2万5千人が参加、世界に広がる水不足や水質汚染、ますます深刻化する水災害の現状が報告された。

2）2006（平成18）年3月にメキシコをご訪問になった際には「第4回世界水フォーラム」全体会合において「江戸と水運」と題した基調講演をなされ、特に利根川の東遷（江戸を洪水から守るために利根川の流れを変えた）や干拓、江戸の水道（玉川、神田上水）構

▲皇太子殿下（当時）「第5回世界水フォーラム」でのご講演
（2009年3月トルコ・イスタンブール。192ヵ国から3万2千人参加）
演題：「水とかかわる ─人と水との密接なつながり─」
江戸時代の利根川の治水・利水についての一コマ（筆者撮影、他の写真も）

築に取り組んだ日本の歴史を紹介された。

3）2007（平成19）年12月には「第1回アジア・太平洋水サミット開会式」（大分県別府市）において「人と水 ─日本からアジア太平洋地域へ─」と題した記念講演。

4）2008（平成20）年7月にスペインをご訪問になった際には「サラゴサ国際博覧会・水の論壇」シンポジウムにおいて「水との共存 ─人々の知恵と工夫─」と題した特別講演を行われ、特にスペインの生んだ偉大な作家セルバンテスにちなみ「ドン・キホーテと風車」

について講演、参加者から大きな拍手が寄せられた。筆者は帰路、陛下が講演で触れられたスペイン・セゴビアの「ローマ水道橋」を視察、長期的な視野に立って水の安定供給を実現させたローマ人の構想力に感動した。

5）2009（平成21）年3月にトルコ・イスタンブールで開催された「第5回世界水フォーラム」において「水とかかわる ─人と水との密接なつながり─」と題した基調講演をされた。

6）2012（平成24）年3月にはフランス・マルセイユで開催された「第6回世界水フォーラム」において「水と災害 ─津波の歴史から学ぶ─」と題したビデオメッセージが上映された。特に陛下自身が撮影された東日本大震災と大津波の写真、さらに震災復興に懸命に取り組む日本人の姿を紹介され、会場から大きな拍手が湧き起った。

7）2013（平成25）年3月にはニューヨークで開催された第1回国連主催「水と災害に関する特別会合」において「人と水災害の歴史を辿る ―災害に強い社会の構築のための手掛かりを求めて―」と題した基調講演をなされた。

8）2015（平成27）年4月には韓国・釜山市で開催された「第7回世界水フォーラム」において「人々の水への想いをかなえる ―科学技術を通じた水と人との関わり―」と題したビデオメッセージが上映された。

9）2015（平成27）年11月にニューヨークで開催された第2回国連「水と災害に関する特別会合」において「人と水とのより良い関わりを求めて」と題した基調講演。

10）2017（平成29）年7月にニューヨークで開催された第3回国連「水と災害に関する特別会合」において「水に働きかける」と題したビデオメッセージが上映された。

11）2018（平成30）年3月にはブラジルで開催された「第8回世界水フォーラム」の「水と災害」ハイレベルパネルにおいて「繁栄・平和・幸福のための水」と題した基調講演。

12）2018（平成30）年9月には東京で開催された「第11回国際水協会（IWA）世界会議」において「水問題の大切さ、水関連災害への対応も国際社会が取り組むべき重要な課題である」と述べられた。参加者一同が非常に感激したことは、講演内容はもちろんのこと、前日までのフランス訪問にもかかわらず、皇太子殿下・妃殿下（当時）のご臨席を賜ったことであった（参加者は過去最高の98ヵ国から約1万人（うち日本人は48％））。

　筆者は様々な国際会議や国連会合において天皇陛下のご講演を直接拝聴してきたが、共通していえることは、①日本古来から、面々と連なる水に関する歴史や知恵を紹介し、世界に発信してきた。②講演資料（パワーポイントなど）には、必ず自ら撮影した写真、あるいは直接視察された内容が述べられている。③世界のあらゆる階層の人々に思いを馳せるお言葉がある。

　このように天皇陛下の「水に対する真摯な姿勢、研究内容の深さ」が世界中から集まった会議参加者やメディア関係者を感動させたの

であった。

２．天皇として水研究の メッセージをご公務 に

天皇陛下は今年（2019）２月、59歳の誕生日を前にした会見で、「ライフワークとして長年携わった水問題（水災害、地球温暖化問題、貧困問題解決など）を即位後も公務の中に据える考えを示されている。

国内においても、国民の祝日である「みどりの日」「海の日」「山の日」「世界水の日」などの記念日、また日本で開催される国際会議、例えば2019（令和元）年８月横浜で開催される「第７回アフリカ開発会議」や、2020（令和２）年熊本で開催される「第４回アジア太平洋水サミット」（主要テーマ：持続可能な発展のための水 ～実践と継承～）などの機会を通じ、国際社会から高い評価を受けている天皇陛下の水に関するメッセージの発信を熱望している。

▲国際水協会（IWA）世界会議・東京総会2018（東京ビッグサイト、2018年9月16日～9月20日）

▲皇太子殿下（当時）が水問題の大切さを英語で30分ご講演（左）開会式には皇太子ご夫妻がご臨席

陛下の国内外へのメッセージ発信は、日本にとっても世界にとっても、非常に意義のあることと確信している。

平成は「水災害が多発した時代」でもあったが、令和は「水問題解決の時代」でありたいと思う。

32 八郎潟の水循環
～日本最大の干拓地事業～

― 下水道情報（2016年9月27日発行）―

日本最大の干拓地、秋田市の北東20kmに位置する八郎潟干拓地を訪ねた。干拓前は東西12km、南北27kmに拡がる総面積2.2万ha、日本第2の湖沼面積を有する湖であった。著者の故郷・秋田の誇りとして小学校の頃から学んだ日本最大の八郎潟干拓事業、20年の歳月と約852億円の費用が投じられ1万7千haの干拓地が造成された、その歴史を再認識するとともに持続可能型な水循環について述べる。

1．八郎潟の歴史

八郎潟は日本海に接する淡水と海水が混ざった汽水湖であった。水深が最深部でも4～5mと浅く、江戸時代から幾度も干拓が計画されたが、佐竹藩の財政事情などにより実施されなかった。むしろシジミ採りや漁獲が盛んであった。1872（明治5）年初代の秋田県令（知事）島義勇も「八郎潟開発計画」を提案し、当時の農商務省で検討されたが、技術的な問題と莫大な資金がかかるために実施は見送られてきた。

戦後の食糧事情を解消するために国は、1957（昭和32）年から国営八郎潟干拓事業に着手し20年後の1977（昭和52）年に干拓事業は完成した。残された湖沼は現在（2016年）、八郎潟調整池、東部・承水路（背後地から水を遮断し、他に排水するための水路）、西部・承水路と呼ばれている。これらを合わせた湖沼面積は48.3㎢、現在（2016年）では国内18位の湖沼面積を有している。

2．八郎潟干拓事業

戦後の食糧増産を目的として干拓事業が行われたが困難を極めた。特に難しかったのは八郎潟の湖底は周辺の河川から流れ込んだヘドロが堆積した軟らかい地盤であった。いわば八郎潟は最終沈殿池でもあった。当時（1952年頃）の吉田茂首相は八郎潟干拓事業に強い

意欲をもっており、問題解決策に干拓の先進国であるオランダからの技術援助を考えたのであった。

●吉田茂首相の強い意欲…食糧増産

　吉田茂は歴代最多で5回にわたり内閣総理大臣に指名されており、その政治的言動「バカヤロー解散など」はよく知られているが、国民を飢えさせないために食糧問題解決にも強い意欲を持っていた。第1次吉田内閣（1946（昭和21）年）では、連合国軍最高司令官マッカーサー元帥に「450万tの食糧を緊急輸入しないと国民が餓死してしまう、もし日本で餓死者が出たらあなたの統治能力が疑われますよ！」と直訴（恫喝）し90万tの食糧を確保した。また第3次吉田内閣、第13回通常国会（1952（昭和27）年）の施政方針演説では「わが国の現下の情勢は、まず食糧の確保を基礎とする」と宣言している。その意を受けて農水省は「食糧増産5ヵ年計画」

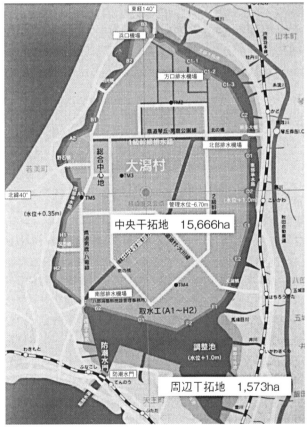

八郎潟地区　位置図

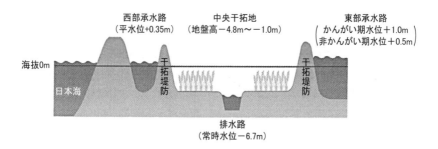

西部承水路
（平水位+0.35m）

中央干拓地
（地盤高－4.8m～－1.0m）

東部承水路
（かんがい期水位＋1.0m
非かんがい期水位＋0.5m）

海抜0m

日本海

干拓堤防

干拓堤防

排水路
（常時水位－6.7m）

干拓地縦断面　高低図（出所：八郎潟基幹施設管理事務所）
（中央干拓地は海面下－4.8mから－1.0mに位置する、干拓堤防と排水機場が命）

を策定、国家事業として「愛知用水事業」と「八郎潟干拓事業」を盛り込んでいる。

●ヤンセンレポート

　1953（昭和28）年、政府はオランダ・デルフト工科大学のヤンセン教授を日本へ招聘した。来日したヤンセン教授とフォルカー技師は八郎潟を視察し「日本の干拓に関する所見」通称「ヤンセンレポート」を日本政府に提出。ヤンセン教授の計画は、日本の技術者の干拓計画を改善・補足した内容であり、八郎潟の南部に遊水地（今の調整池）を設け、海よりも水位を高く保ち、灌漑用水として使う、日本海にショートカットした水路を掘削すること（船越水道）、その

上で干拓事業を進め農地を造成すること、などであり、ここに1万7千町歩の耕地で36万石のコメを増産する八郎潟干拓の原型が示されたのであった。

●干拓堤防工事

　堤防工事は1957（昭和32）～1963（昭和38）年度まで行われ、ヘドロの表層を掘削して良質な砂で置き換え、その上に築堤する工法がとられた。その砂はすべて八郎潟の砂でヘドロが堆積していない地点から採取された。ヘドロ表層の掘削には、カッター式浚渫船「八竜」が活躍し、砂の採取には日本初のサクション式浚渫船「双竜」が活躍した。堤防工事で使われた砂の総量は2,500万㎥（東京ドー

170

ム20個分以上）であった。同時に砂で盛られた堤防を波浪から防ぐために、堤防の外側に大きな石を置く捨石工事は5年間行われ、その採石は八郎潟の東側に位置する筑紫岳から切り出された。総採石量は124万 t を超え、筑紫岳の形も大きく変わった。

●干拓地の排水工事

　干拓地は調整池や承水路より水位が低いために、陸地化するためには排水する必要があり、また完成してからも常に干拓地内の水を取り除くために排水機場が設けられた。排水機場は安定した地盤をもつ男鹿市払戸に南部排水機場、三種町鹿渡に北部排水機場が建設され、排水能力は毎秒40㎥とし、排水機場までの導水のために中央干拓地を貫くように中央幹線排水

排水ポンプ設備
　立軸斜流ポンプ（荏原製作所）
　・口径2200mm×2基
　　12㎥/S/基
　　電動機　1,450kW
　・口径1800mm×2基
　　8㎥/S/基
　　電動機　970kW
　　最大排水量　40㎥/S/4基

南部排水機場（筆者撮影）

路が、さらに多くの排水支線が設けられた。南部および北部の排水機場は、その後順調に稼働していたが、1983（昭和58）年に発生した「日本海中部地震」により建屋や基礎のクラックやポンプ主軸の変形などの被害を受け、機能が低下した。そこで1996（平成8）〜2007（平成19）年度まで行われた国営農地防災事業により両排水機場は全面改修され、現在の姿となっている。

●防潮水門の建設

八郎潟は汽水湖であり、海水が混じりこのままでは農業用水として使えないので、日本海と調整池を遮断する防潮水門が設けられた。この防潮水門工事は1959（昭和34）〜1961（昭和36）年まで行われ、水門延長は390m、そのうち、可動堰は10門（219m）、固定堰1門（171m）が設けられた。計画洪水量は1,435㎥/秒であった。この防

潮水門も、日本海中部地震により被害を受け、同・国営農地防災事業により全面改修され、計画洪水量は1,630㎥/秒に増え、14門の水門で水位調節機能が強化された。

3．基幹施設の管理

調整池は船越水道に設けた防潮水門により、日本海からの海水流入を遮断し、干拓地および周辺耕作地の水源となっている。中央干拓地は総延長51.5kmの堤防で囲まれ、干拓地区内の排水は中央幹線排水路両端に設けられた南部排水機場、北部排水機場および支線排水路に設けられた浜口排水機場、方口排水機場で排水されている。

八郎潟基幹施設管理事務所の鈴木義孝所長と筆者（2016年8月26日）

1）排水機場（目的とポンプ仕様）
●南部排水機場…中央幹線排水路の排水

排水ポンプは立軸斜流型、計4基で口径2200㎜、1,450kW、12㎥/秒が2基、口径1800㎜、970kW、8㎥/秒が2基で合計40㎥/秒の排水能力である。

●北部排水機場…中央幹線排水路の排水

排水ポンプは立軸斜流型、計4基で口径2200㎜、1,460kW、12㎥/秒が2基、口径1800㎜、980kW、8㎥/秒が2基である。

●浜口排水機場…西部承水路の管理水位保持

排水ポンプは立軸軸流型、口径1200㎜、240kW、3.5㎥/秒が2基である。

●方口排水機場（県の灌漑事業で造成）…東部承水路に排水

排水ポンプは立軸斜流型、計3基で口径1500㎜、710kW、5.4㎥/秒が1基、口径1000㎜、270kW、2.05㎥/秒が2基である。

干拓地内の雨量や水位の観測データはテレメータ回線を通じ南部排水機場内の操作室に送られ排水量が制御されている。

2）防潮水門

防潮水門は、農業用水に使用している調整池に海水が入るのを防ぐために、調整池の水位を灌漑期（5〜9月）までは海面平均潮位より1m高く、非灌漑期には0.5m高の水位に保っている。国営防災事業で更新された水門は全幅370mで可動部350m、洪水吐ゲートが12門、放流ゲート2門で構成されている。

3）施設の管理

八郎潟基幹施設管理事務所の鈴木義孝所長によると、現在（2016年）のところ、管理上は大きな問題がないが、将来、地球温暖化によるとみられるゲリラ豪雨や台風による異常降雨量に対応できる予備のポンプ設置や、現在使用しているポンプ設備の省エネ化を図りたいと述べている。2015（平成27）年度の干拓地への降雨量は約3億7千万t（平均降雨量1,046㎜/年）、干拓地から調整池への年間排水量は3億9千万t、防潮水門（調整池）から日本海への放流は7億8千万t/年であった。

4．調整池（八郎湖）の水質問題

八郎湖の水質は干拓事業完了後、徐々に富栄養化が進行し、最近で

はアオコが大量に発生している。秋田県は2007（平成19）年に湖沼保全特別措置法の指定を受け、水質保全事業を実施してきた。

第一期事業では①点発生源対策として下水道の普及率90％、接続率75％を達成、農業集落排水施設の高度処理化（15施設のうち9施設を流域下水道に接続）、高度処理型の合併浄化槽の普及、②面発生源の対策として農耕地の落水管理、施肥の効率化、③湖内の浄化対策として自然浄化（消波工への植栽整備）や未利用魚（外来魚）の捕獲による窒素、りんの回収など。④地域住民との共同による水質改善の取り組みや支援などを行っているが、環境省が定めた水環境基準が確保されない状況が続いている（2012（平成24）年度、全国ワースト4位）。

5．さいごに

水質の改善の決め手は、とにかく溶存酸素を高めることにある。男鹿半島を望む日本海は風が強く洋上風力の好適地であり、日本最大級の洋上風力発電所の建設が予

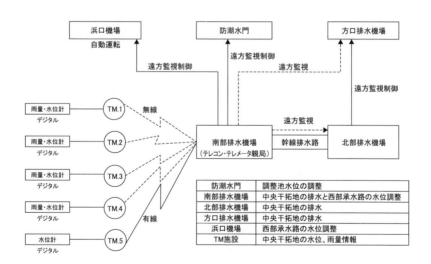

八郎潟　基幹施設管理系統図

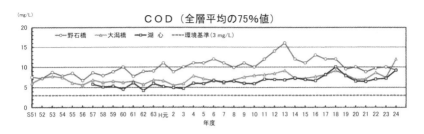

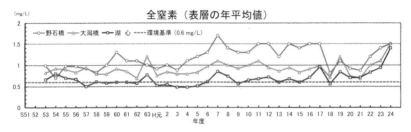

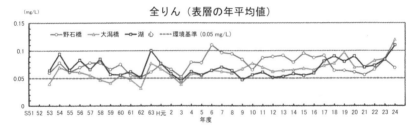

八郎湖の水質の経年変化（2014（H26）年秋田県八郎湖に係る湖沼水質保全計画より）

定されている（4事業体で147基の設置、総発電量74万6千kW）。筆者の提案はMW級の風力発電施設を、系統連携せず単独に調整池内に建設し、世界初の「風力による湖水浄化装置」として働かせることである。発電しなくとも風力にて機械的にポンプを回してもい

いだろう。後は風まかせで、エジェクター方式のポンプで湖水を撹拌しつつ、溶存酸素を増やす試みである。水質が改善されれば、高級魚の養殖も可能になる。利益を生み出す水質改善であり地域創生に貢献できるだろう。

㉝下水道管の老朽化で日本陥没

―下水道情報（2016年12月20日発行）―

　博多駅前で起きた道路の大規模陥没事故は日本国民のみならず海外メディアでも驚きをもって受け止められた。わずか１週間で仮復旧が完了し通行が再開されたのだ。英国放送協会（BBC）や米国のネットワークテレビ（CNN）は「さすが日本の技術だ、ものつくりの効率性を証明した」と賛美のコメント、その復旧シーンを見た海外の人々も「日本の優れた技術やその速さに驚嘆」している。巨大な道路陥没の穴、それは幅27m、長さ30m、陥没部の深さ15m、つまり１万２千㎥の穴だが、通常では１ヵ月から２ヵ月かかる埋戻しがわずか１週間で完成し通行が再開されたのだ。

　他国に誉められると有頂天になり原因追及を忘れるか、追及が甘くなる日本国民。実は

　このような大規模な道路陥没事故は少ないものの、小さな陥没事故は毎日、全国各地で起きている。今回の駅前陥没の主因は地下鉄の建設工事とみられているが、それ以外にも地下には上下水道管や通信、電力、ガスなどの多くの管路が埋まり複雑に入り組んでいる。

　これらは昭和30年代（1955年頃）からの高度経済成長期に埋設されたものが多く、すべてにおいて老朽化が進行している。特に怖いのは地下の空間面積を大きく占める下水道管である。なぜ下水道管が太いのか、それは汚水や雨水を自

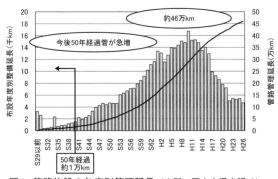

図1　管路施設の年度別管理延長（出所：国土交通省調べ）

然流下で受け入れているからである。実はその下水道管の老朽化による道路陥没は全国各地で毎日発生している。

1．下水道管の老朽化による道路陥没

国土交通省下水道部の2014（平成26）年度の調べでは、下水道管の総延長は全国約46万kmで地球12周分以上の長さである。布設してから50年を超えた経過管は約1万kmに達している。【図1】

その管路の最後は全国の約2,200ヵ所の下水処理場に繋がれている。この下水道管が老朽化し漏水と不明水が発生、その結果道路陥没は2005（平成17）年の6,600ヵ所をピークに減少しているが2012（平成24）年に約4千ヵ所、2014（平成26）年度には約3,300ヵ所で道路

が陥没している。【図2】

つまり全国各地で毎日のように道路陥没事故が起きているのだ。道路種別では市町村道の陥没が9割以上を占めている。

都市部において下水道管の老朽化と道路陥没事故は比例する相関関係にある。布設年度別では1938（昭和13）～1977（昭和52）年まで陥没が多く、将来このピークが平成に移動し道路陥没件数が増加する傾向がある。【図3】

また大きな道路陥没事故には水の存在が深くかかわっている。梅雨シーズン、降雨時や降雨後に時間に陥没事故が多く発生している。雨の日や降雨後に陥没が多いのは、地下水位上昇による圧力が高まるためである。【図4】

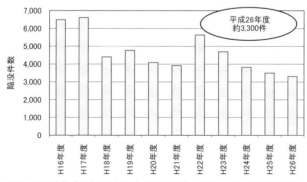

図2　下水道管路に起因する道路陥没件数（出所：国土交通省調べ）

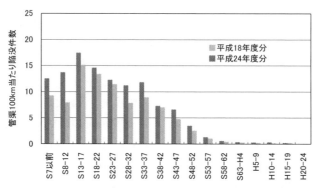

図3　布設年度別陥没件数（出所：国土交通省調べ）

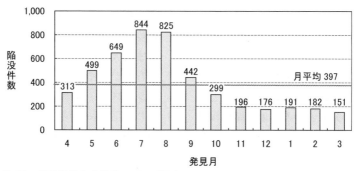

図4　月ごとの道路陥没発生件数（出所：『管路更生』No.13　下水道管路に起因する道路陥没　国土技術研究所下水道研究室長　松宮洋介著）

●下水道管の損傷・老朽化

　長年にわたり道路下に埋設された下水道管は、外部要因では、自動車による荷重や振動により管に亀裂が生じ、そこに木の根が入り込むなど、さらに亀裂を広げるなど大きな損傷を受けていることが多い（物理的損傷）。

　下水道管内部からの腐食も著しくなっている。下水中に含まれる物質による腐食や下水中から発生する硫化水素ガスがコンクリート管路を腐食させている。この硫化水素ガスは下水道管内部の汚水が滞留・沈殿しているところから多く発生する。そのガスが湿った空気や水に触れると希硫酸のようになり、アルカリ性であるコンクリートを腐食させ、その鉄筋も酸により腐食する（化学的損傷）。このよ

うにして下水道管の老朽化が日夜
進行している。

●道路陥没のメカニズム

　下水道管の老朽化が原因での道
路陥没のメカニズムは複雑であ
り、その地質や地下水位など、現
地状況に大きく左右される。最も
多い事例は、下水道管に何らかの
原因で亀裂や穴が開き、地下水位
が高い場合、周囲の砂が下水道管
の内部に砂が引き込まれ、あたか
もベルトコンベアで砂が運ばれる
ように、大きな空間をつくること
である。また最近のゲリラ豪雨
（50mm／時間を超える時間降雨量な
ど）による雨水が下水道管に突入
すると、下水道管は圧力管になり
破損箇所から下水が噴き出す。テ
レビでよく放映される豪雨時にマ
ンホールから水が勢いよく噴き出
すシーンと同じである。これによ
り下水道管破損箇所の周りの砂は
撹拌され、さらに流動化し、ゲリ
ラ豪雨が過ぎ去った後に、今度は
負圧になった下水道管内部に砂が
引き込まれることである。つまり
道路陥没は下水道管への水の侵入
により、地面を支えていた砂が下
水道管内に移動し加速度的に地下

空間を広げるのが原因である。

●国土交通省・下水道部のマスコミ対応

　博多駅前の道路陥没事故では、む
き出しの下水道管から汚水が流れ
出すシーンが繰り返し放映され、
その直後から国土交通省の下水道
部にマスコミからの問い合わせが
殺到した。下水道部の広報では、
「今回の道路陥没には下水道は無関
係である。また下水道管の老朽化
により道路陥没事故は多いが、9
割以上は軽微な陥没である」と説
明している。小生なら一言付け加
えるだろう。「現在のところ、軽微
な陥没であるが、ゲリラ豪雨など
によるさらなる道路陥没の拡大を
防ぐために、下水道インフラには
長期的な投資が必要である」と。
無料で国民にPRできる最高の機会
をフルに活用すべきであろう。下
水道部は下水道インフラの重要性
を強調したかもしれないが、残念
ながらマスコミには報じられてい
なかった。また筆者が前述してい
る「下水道管の劣化による道路陥
没のメカニズムなど」は業界人に
は常識であるが、世間にはあまり
知られていない事象であり、世間

179

に幅広くPRする必要がある。

２．下水道事業の今後の施策

新下水道ビジョン2100では、「循環のみち下水道」を旗印に、社会経済情勢の変化に対応した下水道の使命や、新たな下水道の使命として「持続的発展が可能な社会の構築に貢献」など将来構想が掲げられているが、最も関心の深い「現在の下水道事業の生き残り策をどうする」かについては「管理時代への移行（マネジメント元年）」として「アセットマネジメントの確立」が述べられているに過ぎない。同じ行政区域では汚泥処理などの統合化が進められているが、従来の枠を超えた新たな取り組みが求められている。例えば広域連携化である。水道事業の生き残り策を見てみよう。

●水道事業の現状と広域化

この10年間で約２千億円の水道料金収入の減収である。2014（平成26）年度の水道統計によると、約1,400水道事業体による水道料金収入は2004（平成16）年度の２兆4,589億円から、10年後の2014（平成26）年度には２兆2,561億円

と、2,028億円の減収となっている。また前年度の2013（平成25）年度と比べると359億円の減収であり、人口の減少と節水機器の普及で年々減収幅が増加している。厚生労働省の専門家会議の報告書によれば、少子高齢化で40年後には給水人口が３割減少し、水需要が４割減少するなど水道事業が立ち行かなくなることを指摘している。現状でも慢性的な赤字の水道事業体は半数を超えている。生き残り対策の１つとして水道事業の広域連携化が進められている。

例えば群馬県東部の「群馬東部水道企業団」の設立が挙げられる。これは従来、自治体ごとに行ってきた３市５町（太田市、館林市、みどり市など）の水道事業を統合し、給水人口45万人の規模に拡大し水道事業の効率化、収益性を狙った国内第１号の試みである。また県境を越えた水の供給では「八戸圏域水道企業団による広域化」、これは青森県南部地域と岩手県北部の水道施設30ヵ所をまとめて管理・運営する、県境を越えた事業連携の試みである。さらには香川県の「香川県広域水道事業体構想」があり、これは県内給水人口約96

万人向けの水道事業（県、8市8町で実施中）を統合し、1事業体として効率的に管理運営する試みである

●流域下水道事業の見直し

　広域化については下水道行政の方が先行している。市町村が行う公共下水道を活用し、流域ごとに整備の効率化を求めた「流域下水道」の概念は1970（昭和45）年の下水道法の改正で実施され安全・安心な社会つくりに貢献してきた。しかし今後、日本が直面する人口減少や社会構造の変化に応じた流域下水道事業の根本的な見直し（流域下水道の存在の意義、処理対象計画人口、実行予算額など）が必要である。技術面は専門家が多いので言及を避けたいが、収益面から見てみよう。「雨水公費・汚水私費」が原則の下水道収益構造である。2011（平成23）年度の下水道収入は約3兆2千億円であるが、下水道（汚水）使用料収入は全体の44％であり、雨水公費の原則から一般会計からの繰入金比率は47.1％で1兆5千億円を超えている。

　受益者負担の生じない（収益な

き）雨水の排除は、国や自治体の予算次第であり、すべての予算も厳しくなっている。根本的な解決策の1つとして私有地保有者やビルオーナーなどから雨水処理費の徴収なども考えるべき時期に来ている。また受益者負担である汚水処理費用は、水道使用量に比例して徴収されているが前述のように水道料金収入も過去10年間（2006-2015年）で約2千億円減収である。当然下水道収入も比例し減少している。簡単にいうと日本の上下水道収入も年々減少し陥没の一歩手前に差しかかっている。

3．さいごに

　博多駅前の道路陥没事故から、将来の下水道インフラのあり方について考えてみたが、下水道事業には、財源確保の問題、下水使用料金の格差問題（平均で1.4倍）、技術者の不足、都市型洪水対策などの課題が満載である。ぜひ来年（2017年）は「社会を支える下水道の持続可能な発展」のために具体的な論議が湧き起こることを期待したい。日本を陥没させてはならない。

㉞水は社会生活を映し出す鏡である

～甲子園・秋田金足農高の活躍と水道配水量～

—下水道情報（2018年10月9日発行）—

夏の甲子園球場、今回（2018年）は「第100回全国高校野球選手権記念大会」で盛り上がった。さらに大きな盛り上がりを見せたのは、秋田の県立金足農業高校の活躍である。秋田勢として第1回大会（1915年）の秋田中学（現・県立秋田高校）以来103年ぶりに決勝に進出。しかし決勝では春夏連覇を狙った強豪・大阪桐蔭に敗れ、初優勝には届かなかった。なぜこれほどまでに金足農業高校が注目されたのか。公立高校で、農業高校、ナインの全員が地元出身、吉田輝星投手の活躍などで、秋田県民だけではなく、全国の高校野球ファンに「わがふるさとや高校野球の原点」を感じさせてくれたのではないか。ふるさと秋田の活躍、しかも秋田高校出身の筆者にとり燃えた夏の甲子園であった。ここで視点を変え、まさかまさかの連続で準優勝まで勝ち登った金足農高の活躍を見ていた秋田市民（給水人口約30万人）への水道配水量の変化はどうだったのか。水需要の観点から夏の甲子園を、再度楽しんでみたい。

1. 準々決勝（8月18日・土曜日）、金足農業高校と近江高校との対戦

　図1は、甲子園球場準々決勝（2018年）8月18日、金足農業高校と近江高校との対戦時の秋田市内・水道配水量の変動グラフである。A線は比較日（8/11）でB線が試合日（8/18）である。試合開始までは、日常の水需要であり、試合開始後（15時58分）から、普段の日は夕食の準備のために水需要が増加するはずであるが、試合当日は横ばいである。つまり秋田市民はテレビにくぎ付け、グラフ中でB線が下がっているのは金足農（後攻め）の攻撃時であり、試合途中でピークが上がっているのは、近江高攻撃の番である、つまり市民は金足農の攻撃が終わると緊張が解け一斉にトイレに駆け込

甲子園　準々決勝戦　試合展開

近　江	0	0	0	1	0	1	0	0	0	2
金足農業	0	0	0	0	1	0	0	0	2	3

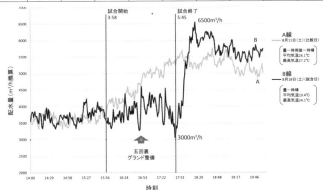

図1　甲子園・準々決勝戦による秋田市の水道配水量の変動（8月18日／金足農業VS近江）

むのである。グラフの中央の大きなピークは5回裏のグランド整備である。

　圧巻は金足農が1点差（9回表で2対1で負けていた）を追う9回裏、無死満塁から斎藤のサード前2ランスクイズで、まさかマサカの逆転サヨナラ勝ち（2対3）である。グラフを見てみよう。試合終了時（17時45分）配水量3,000㎥/時であったのが、30分後には、2倍以上の6,500㎥/時に激増している。

　さらに準決勝では強豪・日大三高と対戦、吉田投手の好投で決勝に駒を進めた（2対1で勝利）。

2．決勝戦（8月21日・火曜日）
強豪・大阪桐蔭と対戦

　図2は決勝戦のあった8月21日（気温27.7℃）B線グラフと比較対象日8月8日（気温27.8℃）A線グラフである。待ちに待った決勝戦、1時間前からトイレの水使用が増加。試合開始から毎時3千㎥/時、前後で比較日を下回って推移、初回に3点入れられ、トイレタイム、5回裏には6点追加され1対12と大きな点差。5回裏終了時にあきらめムードか、水需要が急増、さらに7回表、金足農が1点追加、金足農の反撃に水需要が急減、しかし、その裏に大阪桐蔭

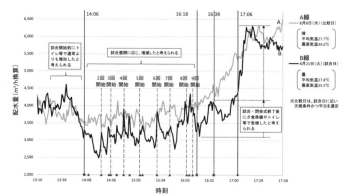

甲子園　決勝戦　試合展開

| 金足農業 | 0 | 0 | 1 | 0 | 0 | 0 | 0 | 1 | 0 | 0 | 2 |
| 大阪桐蔭 | 3 | 0 | 0 | 3 | 6 | 0 | 1 | 0 | X | | 13 |

図2　甲子園・決勝戦による秋田市の水道配水量の変動（8月21日／金足農業VS大阪桐蔭）

1点を追加し、水需要は上昇、八回は両者無得点、9回表、最後の反撃もならず、結局、2対13で大敗であった。しかし試合終了後、負けたのにもかかわらず余韻が残り水需要は低下、今度は閉会式開始にかけて上昇、そして閉会式終了（17時06分）後から水需要4千㎥/時から6,300㎥/時に急増した。これは閉会式終了後に夕食の準備やトイレなどで増えたものと考えられる。

また2つの表の変化を比べてみると、8月18日準々決勝日の変化量が多い。8月18日はお盆後の土曜日であり、秋田市民の大半は家庭内でテレビを見ていたのではな

いかと推測できる、なぜなら秋田市・水需要の73%は生活用水である。

このように大きなイベント開催時では、市民生活と水需要が密接な関係をもち、いうならば水は社会生活を映し出す鏡であるといえる。

しかし、社会の鏡である水も、今大変な危険水域に達している。

3．秋田市・水道事業の現状

秋田市の仁井田浄水場は、市の水道水の8割を供給している主力浄水場（施設規模15万4,600㎥/日）だが、昭和30年代（1955年頃）に給水開始、その後昭和50年

代（1975年頃）にかけて築造された施設で、大半の施設で老朽化が進み、部分的な修繕では将来にわたり安定した水道事業を継続することが困難な状況になっている。仁井田浄水場も全国の水道施設同様、老朽化だけではなく、耐震性能の不足、地球温暖化による水道原水の水質変化（流量、高濁度）への対応不足、危機管理能力の不足（浸水対策、停電対策、テロ対策など）に直面している

そこで2017（平成29）年7月に有識者による「仁井田浄水場更新に係る検討委員会」を設置し、過去6回にわたり委員会を開催、更新の考え方をホームページで公開している。

●秋田市仁井田浄水場更新事業計画概要

仁井田浄水場は全面更新し、施設規模は6万5千㎥/日程度、急速ろ過方式と

し、更新に係る各種コスト（概算）比較している。

秋田市の財政規模からしても、イニシャルコスト約190億円は大きな負担であり、当然官民連携による発注形式の導入の可否の検討が待ち構えている。2018（平成30）年6月にPFI改正法が公布され、多くの自治体で、その採用が検討されている。さらに「改正水道法」が次の臨時国会で可決される見込みである。給水人口約30万人の秋田市の動きは、全国中核都市の水道事業の更新モデルとして注目されている。

【謝辞　資料提供、秋田市上下水道局】

仁井田浄水場更新に係る各種コスト（概算）

コストの種類	概算金額
イニシャルコスト（建設等）	約190億円
ランニングコスト（50年）	約351億円
ライフサイクルコスト（50年）	計　約541億円

1群施設（能力5万4,600t/日）アクセレータ3基（1957〜1960年納入、荏原インフィルコ製）、2群施設（能力10万t/日）アクセレータ4基（1967年納入、同）

送水ポンプ設備（1966年納入、荏原製作所製）

185

㉟水道法改正と「残念な」マスコミ報道

―下水道情報（2019年1月1日発行）―

　水道法の改正案が国会で怒涛の中で可決・成立した2018（平成30）年12月6日）。

　国会の審議中、多くのマスコミが、法案で問題になっている官民連携、特にコンセッション問題を特番で流した。「日本を外資に売り渡す暴挙」、「民営化すると水道料金は5倍にも！」と水を巡るデマと陰謀説が湧水のごとく流され、誤解に基づく報道が続く中、筆者はNHKと民報各社から、いわれるままに「できるだけ丁寧に数値をもって冷静に説明」し、その結果25件のマスコミに出演（うち7件は生放送）したが、最初から色眼鏡（民営化すると大変だ、阻止せよ）で見ている一部マスコミの報道姿勢は変わらなかった。ここに水道民営化の報道について紹介する。以下はすべてのマスコミ取材や生出演で筆者が説明した内容である。

1．水道制度の現状認識と法改正の背景

1）日本水道の現状認識

　日本の水道普及率は98%、国連加盟国193ヵ国で蛇口から飲める水道は、わずか16ヵ国、世界で最も安全安心な日本水道だ。

　しかし、日本水道の実態は次のとおりである。

①人口減少、節水機器の普及で料金収入の減少（この10年で2千億円減少）……水道事業の有利子負債（借金）8兆円、年間の水道料金収入2兆3千億円で、年々借金が積み上がっている。全国の水道事業体1,381の3割が赤字（赤字分は一般会計から繰り入れ）で水道なのに「火の車」状態である。

②水道施設の老朽化の加速、耐震化、大災害への対策で多額な費用捻出が必要である。

③水道技術者の高齢化、定年退職

者の増加（30年前（1989年）8万人、現在（2019年）4.5万人以下に）……水道は地域特有の条件があり（水源、気候、人口、産業、水需要など）、いわば経験工学の集大成であり、地域に密着したベテラン技術者がいなくなることは、技術・ノウハウの伝承ができなくなる弊害をもたらしている。「100年水道を考えるならコストカットより人材育成が急務」である。このままでは「官・民、誰がやっても水道料金2～3倍の値上げが必要」である。

2）なぜ法改正が必要になったか

　三重苦（カネ、モノ、ヒトなし）を乗り越えるために、新しい概念が必要である。今回の改正法案の骨子は3点である。

①適切な資産管理

　足元の財政状況、今後の料金収入、老朽化対策費用を調査、対策をすること。

②統合・広域連携を推進せよ

　地方自治体同士、連携し水道事業の効率化、コスト低減を目指せ。具体的には近隣自治体と連携し水道事業の規模の拡大（都道府県単位まで）を図り、薬品や消耗品の購入、水質検査の効率化などを図りコスト削減を目指すものである。規模の経済を求めるなら、給水人口は多い方が望ましい（既に香川県、宮城県、奈良県などが1県1水道を検討中）。

③官民連携を推進せよ

　（オプションとして選択肢の1つ）

　官民連携の1つの例としてコンセッション方式が提案されたが、これはあくまでも「自治体が採用するかしないか、オプションの選択肢の1つに過ぎない」のだが、多くのマスコミでは「この法案が可決すると、明日から全国民の水道が民営化される」と、誤った報道がなされた。決して「完全民営化ではないと繰り返し説明」したがほとんど無視された。

2．コンセッション方式導入の是非

　民間は儲からないことはやらない。そういう意味で、コンセッションが成立する都市の規模は人口30万人以上で中核都市以上が市場である。初めに述べたように、「やるかやらないかは自治体のチョイス」である。番組で筆者は「コンセッションは民営化ではない」と繰り返し主張したが、ネット上での筆

者への書き込みでは「水道料金の値上げをたくらむ国賊！」とか「民営化ではないと、いい切る安倍総理の代弁者」、「霞が関の回し者だ」など、さんざんに書かれている。

1）コンセッション方式を導入するメリットは

メリットは民間のノウハウ・知見を活かした新技術の採用、豊富な水道人材の提供、経営のスピード感を持って全体のコスト低減を図れることである。さらに、民間の技術と知恵をフル活用するなら、今後は仕様書発注から性能発注への切り替えが必須であるといえる。

2）コンセッションのデメリット

デメリットは、水道事業はその地域のある水資源を使い、水源、天候、水需要など特異的な条件が多いため、1社独占に長期間運営させると、歯止めが利かなくなり、サービスの低下、料金引き上げに繋がることである。またノウハウがすべて、その民間会社に残り、再公営化が難しくなる。今回の法律の中に、国または公設第三者機関による管理監督機関の設置が入っていないので、このままでは欠陥法律である。

また（2018年）12月6日法案成立の際に付帯決議に国が管理監督する事項が盛り込まれたが、付帯決議には法的拘束力がなく、気休めに過ぎない。法律で定める必要性が強調されている。

3）海外の民営化、再公営化の事例紹介

フランスでは水道の6割、下水の5割が、スペインでは水道の5割、下水の6割、ドイツでは水道の3割が民営化されている。その中で2000〜2015年の間に再公営化されたのは、フランス49件（全体の4％）、スペインが12件（全体の1％）、ドイツは民営化水道2,100ヵ所のうちわずか8ヵ所（全体の0.4%）であり、多くのマスコミ報道で「37ヵ国で235ヵ所が再公営化」とされているが、すべて母数が省かれている。このような報道姿勢はおかしいと主張したが、結局使われたのは「37ヵ国で235ヵ所が再公営化」のみであった（だから民間経営はダメだ、と印象付け）。

3．さいごに

上記で述べた内容を、放送ディレクターや取材陣に説明するとともに、スタジオでも主張したが、

多くは、本質を理解していない野党の意見に同調した報道「明日から水道が民営化され、料金高騰が始まる」とか「外資に水道が乗っ取られる」などと偏った報道の材料に使われた例が多かった（スタジオでのVTR収録時間は30〜40分だが実際に放送されたのは、わずか15秒から3分くらいであり、筆者の真意は伝わらなかった）。

また、筆者の対抗馬として呼ばれた、にわか水ジャーナリストや大学教授が、ネット上の報道内容のコピペで国民の恐怖感や不安感をあおった。もちろん浄水場にも行ったことがない、法案も読んでない人たちである。本当に残念なことだ。

今回の水道法改正の最大の貢献は「今まで知らされてこなかった日本水道の危機的な実態が、この報道が過熱した2週間で、多くの国民に認識された」ことではないかと思う。課題解決はこれからであり、官・民はもちろん地域住民と手を携えて「100年水道を構築」する強い決意が求められている。

水道法改正に伴う筆者のマスコミ出演一覧　太字は生出演

月日	テレビ局名	番組名	時間
10月24日	フジテレビ	ホンマでっか!?TV（明石家さんま）	46分
11月14日	フジテレビ	ホンマでっか!?TV（明石家さんま）	46分
11月28日	テレビ朝日	羽鳥慎一モーニングショー	40分
11月29日	RKBラジオ　福岡	よなおし堂	15分
12月2日	フジテレビ	報道プライムサンデー	40分
12月4日	日本テレビ	News24	9分
12月4日	関西テレビ	報道ランナー	コメント
12月4日	日本テレビ	news every.	コメント
12月5日	テレビ朝日	羽鳥慎一モーニングショー	40分
12月5日	NHK　ラジオ	Nらじ	10分
12月5日	TBS	あさチャン！	コメント
12月5日	TBS	夕方ニュース	コメント
12月6日	NHK　TV	ニュースウォッチ9	コメント
12月6日	NHK　TV	ニュースチェック11	コメント
12月6日	フジテレビ	プライムニュース	コメント
12月6日	読売テレビ・日本テレビ	ウェークアップ！ぷらす	コメント
12月7日	フジテレビ	めざましテレビ	コメント
12月8日	読売テレビ・日本テレビ	ウェークアップ！ぷらす	コメント
12月8日	TBS	ニュースキャスター	コメント
12月9日	RCC広島ラジオ	新里カオリのうららか日曜日	20分
12月9日	日本テレビ	真相報道バンキシャ！	コメント
12月13日	鹿児島テレビ	ニュース	コメント
12月18日	フジテレビ	めざましテレビ	コメント
12月18日	日本テレビ	ZIP！	コメント
12月18日	フジテレビ	バイキング	20分

36 日本最大の観光ダム・宮ヶ瀬ダムに行こう

―下水道情報（2019年3月12日発行）―

　巨大構築物を見るツアーが人気である。とりわけダムの人気は高く、自然に親しみながら家族で楽しめる社会インフラ施設の見学先でもある。ダム観光の代名詞である黒部ダムを抑えて人気第1位となっているのが神奈川県・宮ヶ瀬ダム、年間160万人の観光客を迎えている。都心から50kmという近さと定期的に観光放流している数少ないダムで、周辺には家族連れが楽しめる公園もあり自然に親しみレジャーもできる観光施設である。2001年に完成したこのダムは、最初から観光を意識して計画されたダムである。

1．ダムの概要

　宮ヶ瀬ダムは、東丹沢・神奈川県の相模水系である中津川を堰き止めて2001（平成13）年3月に完成した重力式コンクリート・多目的ダムで、ダム湖は宮ヶ瀬湖と呼ばれている。

　ダム本来の目的は、次のとおりである。①洪水調節：大雨の時に一時的に水を貯留し中津川流域や相模川下流に暮らす人々の生命・財産を守る。②水環境の維持：河川の流量を保持し、流域の生態系を守る。③水道原水：神奈川県の水がめとして、横浜市や川崎市を含む県下16市5町に水道原水を供給、取水量は1日最大130万㎥で神奈川県内人口の約90％に供給されている。④発電：宮ヶ瀬ダムの下流にある愛川第一発電所で、2万4,200kW（最大出力時の水量は毎秒22㎥）の発電を行い、さらに石小屋ダムの下流にある愛川第二発電所では、1,200kW（最大出力時の水量は毎秒7㎥）の発電を行っている。ここにも水の位置エネルギーを無駄にしない工夫がなされている。

1）宮ヶ瀬ダムの諸元

　ダムの形式は重力式コンクリートダムで堤高156m（重力式ダム

では国内第3位の高さ)、堤頂長375 m、提体積は約200万㎥であり、堰き止められてつくられた宮ヶ瀬湖の総貯水容量は1億9,300万㎥である。

● 選択取水設備

ダム放流の際に下流の自然環境に影響（水質・水温）を与えないようにダム湖内の適切な水深から取水する設備で、湖内水温は常に計測されている。

● 洪水吐設備（こうずいばき）

洪水時の水量を調節する。主に高位常用洪水吐を使用し、洪水の規模により低位洪水吐、非常用洪水吐から追加して放流する。観光

宮ヶ瀬ダム　観光放流中（毎秒30㎥）

放流の時は、高位常用洪水吐（2本の放流管）から合わせて毎秒30㎥の放流（日本最大の放流量、黒部ダムは毎秒10㎥）。落差70 mの放流水はダイナミックで、そのフォルムは翼を広げたようになり、多くの観光客を魅了している。

2）ダムの特徴

宮ヶ瀬ダムの設計・建設にあたり、様々な工夫と対策が講じられた。計画的な周辺環境対策によって建設工事や、ダム開発による自然環境の保全はもちろんのこと、建設を合理的に進めるためにダンプ搭載型インクラインを開発したり新技術を採用したりし、コストと工期の縮減を実現した。特に約200万㎥に及ぶ大量のコンクリートを効果的かつ経済的に施工するために、RCD（Roller Compacted Dam-Concrete Method）工法が採用された。当時の建設省が開発したダムの施工法で、セメントの量を抑えた超硬練りのコンクリートをブルドーザや振動ローラーで突きならし固める工法である。ダムにはインクライン（ケーブルカー）が設置され、ダム内部はかなり広い監査廊（点検通路）があり、ゲート操作室、計測室、点検用モノレー

愛川第一発電所　発電機（2万4,200kW）　　ダム躯体内に設置された点検用モノレール

ルなどが設置されている。

2．日本最大の観光ダム…仕掛け人は「竹村公太郎」氏

　宮ヶ瀬ダムは1971（昭和46）年より多目的ダム事業としてスタートした。首都圏最大のダム事業は難航する補償交渉を経て、1987（昭和62）年に本体建設工事に着手した。本体建設着手2年前から宮ヶ瀬ダム工事事務所長を務めた竹村公太郎氏（現在、日本水フォーラム代表理事、元国土交通省河川局長）に話を伺った。

　竹村氏いわく「当時のダム建設の常識は、『ダム内部に人を入れるなど、とんでもない、できるだけ閉鎖施設をつくれ！』だった。し

かし、私は『これまで日本にはない開かれたダムをつくりたい』と考え、米国のフーバーダム（堤高221m、提頂長379m、貯水容量352億㎥）を視察しショックを受けた（注1）。本体の大きさだけではなく、市民・観光客に大きく開かれたダムであった。私は運良く、ちょうど仮設備と本体の詳細設計を任された。なんとかして『ダム堤体の中に人を入れて遊ばせよう、日本で一番市民に開かれたダムにしよう』と仲間と知恵を絞った。内部に2基のエレベーターの設置（管理用と観光客用）、工期短縮のためのインクライン（ケーブルカー）は工事終了後、観光客用に転用する。点検通路は、将来の観

光客のために広くとる、など観光用に開かれたダムつくりに専念した。〈同僚や部下には、絶対に本省にはいうな、『なんでこんなものが要るのか』と必ず反対されるから……完成までかん口令を引いた（笑）〉」

竹村氏は、最近のダムマニアが決めた人気ダム評価順位や日経のダムランキングで「宮ヶ瀬ダムが人気ナンバーワン」の報に接し「夢中で設計したダムが、現在、多くの人を引きつけ、ダムを含む水資源に関する話題が人々の間に浸透しつつあることを嬉しく思う」と控えめに語ってくれた。

3．水資源の総合運用

宮ヶ瀬ダムのもう1つの魅力は、水資源の総合運用の仕組みである。2本の導水路により水総合運用を行っている。

上流の道志ダムからの①道志導水路を経て最大毎秒20㎥を宮ヶ瀬ダムに放水、宮ヶ瀬ダムから②津久井導水路を通じ相模川に最大毎

秒40㎥を放水できる仕組みであり、流域全体の水の総合運用を行っている。

4．さいごに

宮ヶ瀬ダムは、首都圏に最も近く、これからも多くのイベントが開催される。イベントの案内や観光放流などは宮ヶ瀬ダムのホームページで公開されているので、ぜひ名物のダムカレーを賞味しつつ巨大ダムの魅力に接してほしい。

注1）フーバーダムは米国で最も人気のあるレクリエーション地域の1つで、昨年は年間900万人の観光客が訪れている

人気の高いダムカレー（旗の付いたソーセージを抜くとカレーが野菜の方に流れる）

37 水道法改正と海外上下水道事業の再公営化
～海外の再公営化率は１％以下である～

―下水道情報（2019年４月23日発行）―

　昨年（2018年）12月６日、水道法改正案が国会で可決・成立した。その前後において多くのマスコミは、水道法改正について「日本の水道を民間に任せて安全・安心を保てるのか？」「民営化すると水道料金は５倍になる！」とか「海外の水道民営化は失敗続きだ、なぜ日本は海外で失敗した民営化を導入するのか」などと報道し、ネガティブキャンペーンが横行した。TV番組などで必ず唱えられるフレーズは「この15年間で民間から官側に水道事業が変更された水道事業の再公営化は37ヵ国で235ケースに及んだ」である。英国の研究機関（PSIRU）が出しているレポートを引用しているものと思われるが、すべて全体数（母数）が述べられていない。つまり民営化反対論者にとり都合のよい数字のみを強調している。物事を的確に判断するためには、まずは事実を明らかにし、その上で日本水道の進むべき道を考えるべきである。

１．水道法の改正と水道事業再公営化論議

　水道法改正案が国会で審議されている時に、特に関心が集中したのは、コンセッション方式（公設民営）に関する内容であった。法案では、コンセッション方式は官民連携の１つの選択肢であり、仮に採用する場合は国の許可や公の関与を強化した仕組みとされていた。コンセッション方式導入の是非についてはマスコミをはじめ、大きな議論が巻き起こった。特に海外事例が大きく取り上げられ、多くのマスコミは「海外では水道事業が再び公営化された」を大きく報じた。

　このような報道で気にかかることは、すべての水道事業が再公営化（民から官へ）なのか、逆の動き（官から民営へ）は全く存在しないのか、ということである。議論の過程では、これらの点について、全く触れられなかった。ここ

でコンセッション方式の本場であるフランスの公的機関（ONEMA）の統計的なデータや分析結果などを用いて客観的な立場で、各国の再公営化の動きとコンセッション方式の状況を考えてみたい。

２．各国の水道事業再公営化の動き

１）フランスの上下水道事業…下水道は民営が増加

　フランスの上下水道事業は、コミューンと呼ばれる地方自治体もしくは広域連合体が責任を負うことが法で定められている。３万５千を超えるコミューンが存在し、平均で数千人規模である。フランスの国土面積は日本の1.45倍だが、人口は6,718万人で日本と比べ約半分である。フランス水道の民営化の歴史は、今から160年前まで遡るが、現在はどうなっているのか。

　ONEMAの報告（2015年）などをもとに、上下水道の再公営化とコンセッション方式を含む民営化を比較してみる。

①水道事業の場合、コンセッションを含む民営化の割合は61％で官による直営が39％である（対象人口ベース）。【表1】

②フランス国内では上下水道事業の再公営化が発生している一方で、逆にコンセッション化する事業も同数以上の件数で進行している。水道事業の場合、いずれも68件と同数である。下水道事業ではコンセッションから再公営化した事業数は80で、逆に公営からコンセッションに移行した事業数は150であり、コンセッション方式での下水道は70ヵ所が純増数である。つまり下水道ではさらに民営化が進行しているといえる。【表2】

③フランス国内は約１万２千の水道事業、約１万５千の下水道事業が存在しているが、上下水道を合わせた総事業数に対して、再公営化またはコンセッション方式への移行件数は、数値で判断すると１％以下のごく一部で発生している事象である。単年度では総事業数に対しわずか0.09％の再公営化率である。

④フランスの上下水道の経営形態（2015年）を、２つの分類項目で比較すると、まず事業所数では公営が多数（69％）であるものの、サービス人口ではコンセッション方式で運営されている対

195

表1　フランスの水道事業形態〜民営はアフェルマージュが主体〜

		事業体数	対象人口（人）
民営	コンセッション	67	3,624,137
	アフェルマージュ　料金は利用者から	3,431	26,464,242
	レジーアンテレッセ	8	2,981,669
	ジェランス　　　　料金は公共から	75	1,251,426
	直営（一部委託）	349	1,744,794
	直営	7,984	20,152,520
	計	11,194	56,218,788

注）データが参照不能な事業体（1,828事業体）もあることから件数は全体を表しているわけではない。（全事業体数：約12,000）　　SISPEA（2015年データ）より作成

アフェルマージュ（Affermage）方式：民間事業者に初期投資含まず、大規模な建設投資も含まず、既存の施設はこの方式が基本

出所：EY日本有限責任監査法人（福田健一郎氏のレポート、2019年1月31日）

表2　フランスの上下水道事業での経営形態の変化（2010〜2015年）〜再公営化率は1％以下〜

	【水道事業】		【下水道事業】	
経営変化	公営→民間	民間→公営	公営→民間	民間→公営
事業者数	68	68	150	80
総事業者数に占める割合	0.6%	0.6%	1.0%	0.6%
対象人口	112万人	63.5万人	116万人	78万人

出所：ONEMA2015年データ報告書（2018年発刊）

象人口が多数（59％）で過半数以上である。【表3】

⑤再公営化された事業の運営形態は、日本のように自治体が自ら運営するのではなく、わが国でいうと地方独立法人に類似した形態（EPIC）や、また自治体が100％出資した民間会社（SPL）が大きく関わっている。

以上のことからフランスにおける再公営化率は、近年の傾向として1％以下と判断できるだろう。

【参考文献】EY新日本有限責任監査法人の詳細レポート（2019年2

表3　フランスの上下水道事業での経営形態（2015年）

	経営分類 官か民か	水道事業 約12,000	下水道事業 約15,000
事業者数ベース	・公営	69%	78%
	・コンセッション	31%	22%
サービス人口ベース	・公営	41%	59%
	・コンセッション	59%	41%

出所：ONEMA2015年データ報告書（2018年発刊）

月、福田健一郎氏執筆）

2）ドイツの水道事業

ドイツの水道事業者は約4,600事業であり、給水人口は約8千万人である。大都市の水道事業の運営は、自治体の出資会社または官民共同の出資会社である。日本に例えると地方独立法人に近い形である。これらの独立法人格の水道事業での民間活用は、事業体数ベースでは35％であり、給水量ベースでは60％である（2012年実績）。完全に民間で運営されている水道事業者は約2,100であるが、その中で過去10年間で再公営化されたのは、わずか8件であり、再公営化率は0.4％である。ドイツにおいて民間活用は1993年以降に増加したが、近年は大きな変化を示していない（DVGW2015報告書）。

つまりドイツにおいても、再公営化の傾向はほとんど無視される状況である。

3．さいごに

各国の水道の再公営化傾向を数値でもって比較してみたが、日本のマスコミが叫んでいる「水道を民間に任せると、水道事業は破綻する」は、ほとんど意味をなさないことがわかるだろう。各国とも官民連携をさらに強化し、持続可能な上下水道事業を目指している。物事を正確に判断するためには、統計的な数値をもって比較検討すべきである。筆者は（2019年）4月10日ＮＨＫ総合テレビ"あさイチ"で水道法の改正にも触れたが、事実に基づくさらなる国民的な論議が待たれている。

38 水道法改正とアセットマネジメント

―下水道情報（2019年6月4日発行）―

　昨年（2018年）の12月6日、国会で改正水道法が可決・成立した。高度経済成長を支え続けてきた日本の水道事業は、現在大きな岐路に立っている。具体的には①人口減少、節水器具による水道料金収入の減少、②昭和30年代（1955年頃）から拡大、右肩上がりで布設された水道施設の老朽化の増大、③水道事業を支えてきた水道人材の減少、である。つまりカネ、モノ、ヒトなしの三重苦に直面している。これらを打破するために「水道法の改正」がなされ、その中心項目の1つが「適切な資産管理の推進」つまりアセットマネジメント（AM）の推進である。

1．水道事業の抱える課題

　日本の水道は水道普及率98%、直飲率（全国どこでも蛇口から飲んでも健康に被害が出ない率）100%と世界に誇れる実績を有している。しかし、その水道を支えてきた水道事業は大きな岐路に立っている。

1）人口減少や節水機器の普及による水道料金の減少

　平成20年に全国の水道料金収入合計が約2兆5千億円あったのが、この10年間（2008-2017年）で約2千億円の減少、つまり毎年200億円が失われている。総務省の水道公営企業会計報告によると、全国の約1／3の事業体において、給水原価が供給単価（販売価格）を上回っている。つまり3割の水道事業体は原価割れで赤字経営となっている。

2）増加する浄水場数とその水道施設の稼働率の低下

　2015（平成27）年度の全国の浄水場数は5,751ヵ所であったが、翌2016（平成28）年度では6,384ヵ所と633ヵ所の純増である。これは法改正による簡易水道事業の上水道事業への統合に伴う増加が主たる理由である。人口減少下であ

るが、逆に浄水場数は増加している、当然、その施設の稼働率は年々低下している。1965（昭和40）年度を起点（100％）とすると2014（平成26）年度では67％、最近では施設の稼働率は約60％となっている。経済原則からみても水道施設を減らし、その稼働率を上げなければ、どんな事業も成り立たないことは明白である。

3）老朽化した施設の増加

水道資産の約7割は地下に埋設されている水道管路であり、その老朽化が著しい。

全国の水道管路の延べ長さ約66万kmのうち、耐用年数40年を経過した配管は約16％（地球2周半の長さ）である。その管路の更新率は0.75％であり、簡単にいうと、すべての管路を交換するには130年以上かかると想定されている。また地震対策としての水道施設の耐震化率は38.7％に留まり、大規模災害時には、断水被害が長期化するリスクが増大している。老朽化した管路の取り換えには、平均して1km当たり1〜1.5億円かかる（実績参考値）とされ、その財源確保が難しい状況である。

4）水道職員数の減少

職員数は約30年前、8万人いたが、最近では4万5千人に減少している。小規模で職員数が少ない水道事業者が非常に多い。数だけではない、質の低下も問題である。計画から施工まで担当してきた経験豊富なベテラン職員は退職期を迎え、その技術・ノウハウを伝承する相手がいないのが現状である。

２．水道法の改正・概要

上記のような水道事業の課題を解決するために昨年（2018年）12月に水道法の改正がなされた。その概要は①関係者の責務の明確化、②広域連携の推進、近隣自治体との水道施設の連携・統合の推進、③適切な資産管理の推進、つまりAMの推進である。④官民連携の推進、水道施設の運営権を民間事業者に設定できる仕組みの導入、これが先の国会審議を通じマスコミで大きな話題となったコンセッションの導入である（195頁、「水道法改正と海外上下水道事業の再公営化」詳述）。

３．資産管理（ＡＭ）の必要性

近年、マネジメント（Management）という言葉が溢れているが、その

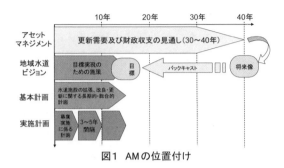

図1　AMの位置付け

出所：厚生労働省「水道事業におけるアセットマネジメント（資産管理）に関する手引き」

語源はイタリア語のManusであり、「手で扱う、馬を馴らす」の意味である。馬をムチで叩いて走らせるのではなく、手をもって馬を慣らし、馬との信頼関係をつくり、自分が行きたい所に、馬に連れていってもらうことである。よくマネジメントは管理と訳されるが、本来の意味は管理監督ではなく、組織にいる人間をトップの意を受け、自発的に行動するように仕向けることである。

1）AMの必要性

　国、自治体とも財政がひっ迫し、水道事業費の縮減、当然維持管理費も縮減である。しかしながら整備済みの水道資産（ストック）の増大、老朽化が進行している。このような状況で、適切な更新方法や更新コストの平準化が急務であ

る。水道資産は約40兆円といわれ、資産の約7割といわれている管路の更新率は1％以下であり、更新に必要な資金を確保している事業体は全国平均で56％、給水人口3万人以下では50％以下である。さらに問題なのは、AM実施の基になる台帳整備（資産管理のためのデータ）を行っている自治体は約6割に留まっている（厚労省水道課調べ）。逆にいえば全国4割の水道事業体は、まず資産台帳の整備から始める必要がある。その上での更新時期の平準化、更新コストの最小化、将来ビジョン作成である【図1】。

2）AMに必要な情報は

　厚労省は「水道事業におけるアセットマネジメント（資産管理）に関する手引き」を発行している。必要な情報は多岐にわたっている【表1】。

3）AMの構成要素

　現場を主体とするミクロマネジメント（個別現場管理者の視点）、それらの情報を勘案し改善方法を抽出し妥当性を確認するマクロマ

表1　資産管理に必要な情報の種類（出所：同）

項　目	主な情報内容等
対象施設の台帳と諸元	名称・判別コード、取得年度、取得価格（帳簿原価）、所在地、構造形式・材料、形状寸法・容量・能力・口径、台数・基数・延長等
点検調査に関する情報	図面等、施設状態（異常の有無と程度）、経年履歴（修繕、事故記録、過去における診断結果）等
施設の診断と評価に必要となる情報	点検調査結果、地盤情報、地震被害予測資料、ハザードマップ、施設重要度、機能停止時の影響度等
更新需要見通しの作成に必要となる情報	経過年数、法定耐用年数、施設状態（異常の有無と程度）、施設重要度、施設診断結果、健全度予測結果、更新優先度評価結果、布設単価、デフレータ等
財政収支見通しの作成に必要となる情報	収益的収支、資本的収支、財務諸表、起債償還等
マクロマネジメントのとりまとめに必要となる情報	資産総額、資産健全度、サービス水準、料金水準等

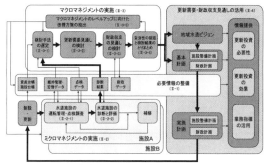

図2　水道資産管理の構成要素（出所：同）

ネジメント（経営者からの視点）、それらを総合判断し、将来の更新需要や財政見通しの情報を提供するコンポーネントから成り立っている【図2】。

4）資産の健全度の区分

　水道施設（構造物、管路など）の健全度は、耐用年数で3つに区分している。法定耐用年数内であれば、「健全資産」、経過年数が耐用年数の1〜1.5倍までを「経年化資産」とし、耐用年数の1.5倍を超

えた資産を「老朽化資産」とする。

　水道施設の耐用年数は、土木施設60年、建築50年、管路40年、電気設備20年、機械設備（ポンプなど）15年、計装設備10年としている（厚労省・水道事業の手引きより）。

4．さいごに

　水道界におけるAMは多くの自治体にとり始まったばかりであり、まずは基本的な枠組みの作成、システムの体系化、整備されたデータを基に老朽化進行予測と更新費用予測、将来ビジョンの作成が急務である。もちろん、それらに関する人材の確保、AM技術者のレベルアップが求められている。多くの自治体では「上下水道局」の看板を掲げているが、中身は従来と同じ水道・下水道と縦割り（人材登用、資産管理、会計基準など）であるが、明日から上下水道局長になった時に備え、今から異分野も学んでほしい。

39 水のことわざに学ぶ

―カレント（2015年1月号）―

　瑞穂の国、この表現は日本書記が書かれて以来、日本国の美称として使われている。その意味するところは、神意により水が豊富で、稲が豊かに実り、その結果栄える国を象徴している。今でこそ日本国民は水に不自由していないが、日本で初めて近代水道（配管内を圧力をかけて殺菌された水を送る）が開始されたのは1887（明治20）年横浜水道であり、つい127年前のことである。紀元前3世紀の弥生時代から農耕稲作民族の日本人は水の恵みに感謝し、また水の恐ろしさを噛みしめてきた長い歴史を有している。それがゆえに、日本は世界でも水に関する諺が多い国である。今回は日本人の思想や考え方に大きな影響を与えてきた「水に関することわざ」から人生への教訓や、今後の生き方を学んでみたい。

　まずは中国の思想家から、日本人が学んだことわざおよび熟語をみてみよう。

1．中国から学んだ、ことわざ・名言

●「上善如水」

　あまりにも有名な言葉である。「老子の八章」に書かれたもので、「上善は水の如し」、上善とは、「最も理想的な生き方を願うならば、水の在り方に学べ」ということである。水には学ぶに足る3つの特徴がある。第1に、柔軟である。四角な器に入れれば四角になり、丸い器に入れれば丸くなる、どんなに器を変えてもそれなりに形を変え、逆らうことがない。第2に、水は低いところ、低いところに流れてゆく。しかもその間に多くの植物や生態系に分け隔てなく自分（水）を与えながら、低いところを求めて移動している。低いところに身を置くのは人間、誰でも嫌がるが、水は最も低いところに留まり、しかも謙虚である。第3に、

ものすごい能力を秘めているが、自分の能力や地位を誇ろうともしない。急流は岩を砕いて破壊し、逆に水の一滴は100年で岩をも穿つ能力を持っている。このように水は「柔軟、謙虚、秘めたるエネルギー」を有している。

老子は、人間もそれらを身につけることができれば、理想の生き方に近づけるのだという。最高の善とは無為になすものであり、「俺は善を行っているんだ」という意識を持つことなく、自然のままの行いが即ち「善」である。「如水」単独では、流れる水の如くすらすら物事が運ぶ様や、流れに逆らわずに素直に従うという意味でもよく使われている。

● 「君子交淡若水、小人之交若醴」

「荘子の山木編」に書かれたもので、「君子の交わりは淡きこと水の若し、小人の交わりは甘きこと醴の若し」即ち君子（知徳の優れた人）の交際は、水のようにあっさりしているが、小人（つまらぬ人間）の交わりは醴（甘酒）のようにベタベタしている。ベタベタした交わりは、すぐに飽きがきて長続きしない。またくっつくのも早いが、別れるのも早い。その点、水のように淡々とした交わりはいつまでも飽きがこないので長続きする。良好な人間関係を築こうとするなら、君子の交わりを心掛けよという教訓である。

● 「人莫鑑於流水、而鑑於止水」

「荘子の徳充府編」に書かれたもので、「人は流水に鑑みることなくして、止水に鑑みる」、これは流れる水には人の姿を映し出すことができないが、静止（止水）した水は澄みきっているので、あるがままの姿を映し出すことができる。人間も静止した水のように、静かな澄み切った心境でいれば、いついかなる事態になっても、慌てることなく、誤りのない判断を下すことができるのだという教えである。ここから澄み切った心境を形容する「明鏡止水」という言葉が生まれた。澄み切った心は、無心の境地ともいえる。何事でも雑念や欲望、野心が心に詰まっていれば、それに足を掬われ、流動する情勢への対応を誤ってしまう、誰でも勝とうとする気持ちが先に立てば、普段の実力を発揮できず、敗退してしまう。忙しい世の中になればなるほど「明鏡止水」の心境を持ち続けること

が肝要であると教えている。

「越後の虎」と恐れられていた上杉謙信は、合戦の天才といえるほど戦いの腕を持っていたが、「明鏡止水」のことわざを多用している。謙信の名言集には「人の上に立つ人間の一言は、深き思慮を持ってなすべきだ。軽率なことは言ってはならぬ。」と心の在り方を述べている。謙信曰く。

- 心に物なき時は、心広く体安らかなり
- 心に邪見なき時は、人を育てる
- 心に自慢なき時は、人の善を知る
- 心に誤りなき時は、人を恐れず
- 心に曇りなき時は、言葉和らかなり

2．水に関する諺・名言

我々の身の回りには、水に関する言葉が数多く存在する。物事を説明したり、判断する時には、水を用いた表現が最も適しているのであろうか。以下は我々の日常会話や文章でよく使われる「水のことわざ表現」である。意味については、多くの読者は既に理解済みと思われるので割愛する。

● 自然を表す表現
- 山紫水明
- 行雲流水
- 明鏡止水
- 一衣帯水

● 状態や行動、心掛けを示す
- 背水の陣
- 水を漏らさぬ体制で
- 我田引水
- 上手の手から水が漏る
- 水に絵を描く
- 蛙の面に水
- 河童の河流れ
- 血は水よりも濃い
- 水は血よりも薄い
- 覆水盆に返らず
- 年寄りの冷や水
- 焼け石に水
- 立て板に水
- 水を打ったように
- 湯水のように使う
- 寝耳に水
- 水と油
- 水火も辞せず
- 水火の争い
- 水に流す
- 水が合わない
- 水入り
- 水掛け論

・水の泡
・水を得た魚にように
・水心あれば、魚心
・魚心あれば、水心
・魚の眼に水見えず
・水魚の交わり
・水清ければ魚棲まず
・水広ければ魚大なり
・水を向ける
・水を差す
・刀で水を切る
・湯水のように
・水臭い
・呼び水
・水に慣れる
・古川に水絶えず
・智者は水を楽しむ

3．外国の「水のことわざ表現」

・ナイルの水を飲むものは、ナ
　イルに帰る（エジプト）
・水車小屋の主人が、気が付か
　ない水が水車の傍を流れる
　（イギリス）
　　知らない間に、失われるモ
　ノがたくさんある例え
・水の中で、棒を振り回す（フ
　ランス）
　　無駄な努力の例え
・川へ水を運ぶ（フランス）

　労力を使うだけ、何も効果
のないこと
・ワインに水を差す（フランス）
　余計な事をすること
・コップ一杯の水の中で溺れる
（フランス）
　ほんの些細なことでへこた
れること
・争いの初めは、堤より水を漏
らすに似たり（旧約聖書）
　破滅に至る大きな争いも、
きっかけは、ごく小さいこと
から始まる
・先に行く者は、濁り水を飲ま
ずに済む（ケニア・タンザニ
ア）
・早く着いた馬は、良い水にあ
りつける（ナイジェリア）
・先に行く者は、澄んだ水を飲
める（ブラジル）
・水と火、器を一つにせず（ポ
ルトガル）
　まったく相容れないもの同
士は、同じ場所（器）に入れ
てはならない
・水と火は、よい召使だが、悪
い主人でもある（英国、フラ
ンス、ドイツなど共通）
　人間が使いこなしている間
は極めて便利だが、制御でき

なくなると恐ろしい
- 火と水は小さいうちは味方だ
  が、大きくなると敵になる（マ
  レーシア）
- 火と水と政府は、情けを知ら
  ない（アルバニア）
- 火打石から、水を取り出す（イ
  ギリス）
  　至難の業を成し遂げること
- 水があれば、砂で清めること
  はない（アラブ）
- 男が川なら、女は水たまり（ア
  ラブ）
- みんなが讃えるからには、水
  には何かがあるのだろう（フ
  ランス）
- 雨が降るなら、雲があったは
  ず（アラブ）
- 雨が降れば、必ず土砂降り（イ
  ギリス）
  　悪いことは重なる
- 眠った水より、悪い水はない
  （フランス）
  　黙っている者ほど、油断の
  ならぬ者はない
- 水は山へは登らない（ドイツ）
  　世論に逆らってはいけない
- 雪の多い年は、豊作である（イ
  ギリス、フランス、ドイツ、
  ロシア）

- 夏の穀物の丈は、冬の雪の深
  さ次第（クロアチア）
- 海は、どんな川の流れも拒ま
  ない（イギリス）
  　清濁併せ飲むと同意語

4．「ことわざ」のことわざ

　世界でも水に関することわざ
で、人生訓や物事への考え方が多
く語られていることが多い。最後
は「ことわざ」の「ことわざ」で
締め繰りたい。

- ことわざは、言いたい事を言っ
  てくれる（スウェーデン）
- ことわざは、言葉の明かりで
  ある（アラブ）
- ことわざは街路の知恵である
  （ドイツ）
- 二重の意味を持たない、こと
  わざはない（ケニア）
- 愚か者に、ことわざを使うと
  意味を説明しなくてはならな
  い（ガーナ）

参考図書・文献
故事ことわざ大辞典（小学館）
故事ことわざ辞典（創拓社）
中国名言読本（講談社）
岩波ことわざ辞典（岩波書店）
ドイツことわざ辞典（白水社）

フランスことわざ辞典（白水社）
中国古典一日一言（PHP文庫）
楽水、中川勝著（（東京図書出
版会）

　本書は平成 26 年から下水道情報・グローバルウォーターナビ（公共投資ジャーナル社）および月刊カレント（潮流社）に、筆者が寄稿し連載された記事を再構成したものである。

　本書を出版するにあたり、公共投資ジャーナル社の仲村修氏、原達一郎氏、潮流社の矢野弾氏、水道産業新聞社の西原一裕氏からご指導・ご協力をいただき、深く感謝申し上げたい。

著者プロフィール：吉村和就（よしむら　かずなり）

【職務経歴】
1972年　荏原インフィルコ㈱　入社（営業、企画、技術開発）
1994年　㈱荏原製作所本社　経営企画室部長
1998年　国連ニューヨーク本部・経済社会局・環境審議官
2005年　グローバルウォータ・ジャパン設立　現在に至る

【委 員 等】
国連テクニカルアドバイザー
水の安全保障戦略機構・技術普及委員長
経済産業省「水ビジネス国際展開研究会」委員
文部科学省・科学技術動向研究センター専門委員
千葉県習志野市国際交流協会副会長
日本水フォーラム　理事

【著　　書】
水に流せない水の話（角川文庫）、水ビジネスに挑む（技術評論社）
水ビジネスの新潮流（環境新聞社）、水ビジネスのカラクリが判る本
（秀和システム）など多数

世界と日本の水事情
～グローバル・ウォーター・ナビゲーション～

2020年10月15日　第1刷版発行
著　者　吉村　和就
発行者　西原　一裕
発行所　水道産業新聞社
　　　　東京都港区西新橋3-5-2　電話（03）6435-7644

印刷・製本　瞬報社
定価　本体1,500円（税別）
ISBN978-4-909595-06-5　C3036　￥1500E